高等职业教育机电工程类系列教材

数控车削编程与实训

主　编　刘　娟

副主编　李金平

参　编　邓萍华　文　灏　周建伟　刘　勇

张绍军　刘忠柒　刘文强

西安电子科技大学出版社

内 容 简 介

本书以"实用"和"够用"为度,根据学生实训的实际情况和企业的生产加工要求,采用项目-任务式编排,内容由浅入深,符合相关企业工艺需求。本书介绍的内容基于 FANUC 数控系统,分为 5 个项目共 22 个任务,5 个项目分别是数控车削操作基础、数控车削编程基础、典型零件的数控车削编程与实训、生产实践中零件车削编程与加工、零件模拟仿真加工实训。

本书可作为高职高专数控技术、模具设计与制造技术等专业的理论和实践教材,也可供相关技术人员参考阅读。

图书在版编目(CIP)数据

数控车削编程与实训/刘娟主编. --西安:西安电子科技大学出版社,2023.12
ISBN 978 - 7 - 5606 - 6949 - 6

Ⅰ. ①数… Ⅱ. ①刘… Ⅲ. ①数控机床—车床—车削—程序设计—高等职业教育—教材 Ⅳ. ①TG519.1

中国国家版本馆 CIP 数据核字(2023)第 125483 号

策 划 李鹏飞 李 伟
责任编辑 南 景
出版发行 西安电子科技大学出版社(西安市太白南路 2 号)
电 话 (029)88202421 88201467 邮 编 710071
网 址 www.xduph.com 电子邮箱 xdupfxb001@163.com
经 销 新华书店
印刷单位 陕西日报印务有限公司
版 次 2023 年 12 月第 1 版 2023 年 12 月第 1 次印刷
开 本 787 毫米×1096 毫米 1/16 印张 10
字 数 198 千字
定 价 30.00 元
ISBN 978 - 7 - 5606 - 6949 - 6/TG

XDUP 7251001 - 1

前　言

本书以《国务院关于加快发展现代职业教育的决定》和《教育部关于深化职业教育教学改革全面提高人才培养质量的若干意见》为指南，坚持以立德树人为根本原则，以课程思政为手段，以提高学生动手操作技能促进就业为导向，走理实结合、校企合作、协同育人的人才培养之路。在课程的实施中创新教学模式，践行吃苦耐劳和精益求精的"工匠精神"，培养学生严谨细致的工作作风和一丝不苟的职业道德。

本书主要分为5个项目，每个项目又有若干个任务，采用项目-任务式编排。项目一主要介绍数控车削操作基础，从认识数控车床入手，介绍了数控车削刀具与常用量具的选用等；项目二介绍数控车削编程基础，主要介绍数控车削编程的基础知识，如编程的内容与步骤、程序结构、程序段、坐标系、各个功能字，并分析了数控车削参数的选用；项目三遵循由浅入深的学习认知规律，介绍了典型零件数控车削编程所用的指令及其格式、编程举例、刀具选用、工艺卡编写、课题的技能实训等；项目四紧密结合企业的生产实际，介绍了相关企业零件产品如液压管接头的生产工艺、数控编程、刀具的选用、各个刀具路线轨迹的确立等；项目五主要介绍数控车床仿真软件的使用，并给出了零件模拟仿真加工实例。

本书内容理实结合，以实践操作为主，注重实践操作和现场工艺问题的解决，拟定学时为108课时。全书紧密结合企业的生产实际，深度融合了企业员工必需的专业素养、职业素质和合格技术技能型人才必备的职业技能。

本书的编写团队由宜春职业技术学院专业课教师与江西苏强格液压有限公司高技术技能型人员组成，主要成员如下：刘娟、李金平、邓萍华、文灏、周建伟（江西苏强格液压有限公司生产部副经理，高级技师）、刘勇（江西苏强格液压有限公司精益主管，工艺工程师）、张绍军、刘忠柒、刘文强。

本书在编写过程中，参考了一些数控编程与加工方面的书籍，更多地是融合了编写团队集体的智慧与经验，全体团队成员都付出了辛勤的汗水。本书的编写得到了宜春职业技术学院机电与新能源汽车学院丁国香、吴东平等领导以及江西苏强格液压有限公司企业领导的大力支持和帮助，在此深表感谢！还要对江西苏强格液压有限公司周建伟、刘勇两位专家表示深深的谢意与敬意！

本书编者水平有限，书中难免存在不妥之处，恳请读者和专家批评指正。

编　者

2023.10

目　　录

项目一

数控车削操作基础

思政小课堂

1979 年 12 月，洪家光出生在沈阳的普通农村家庭，从小就开始帮家里干农活。由于家庭经济条件所限，初中毕业之后，洪家光选择了一所技术学校。三年的时间，洪家光利用路上坐车的时间自学了四本技术书。

洪家光多次参与辽宁舰舰载机等多项国家重点航空发动机科研项目，拥有 7 项国家发明和实用新型专利。他攻克了金刚石滚轮成型面加工难题，累计为公司创造产值 9000 余万元。作为省级技能大师工作室领创人，洪家光带领团队完成 35 项创新项目和 53 项攻关项目，带领辽宁队获得第九届全国青年职业技能大赛车工组团体第一名。

作为"中国第一工匠"，洪家光曾婉拒外企 90 万元月薪的邀请，只愿为祖国贡献力量。如今，洪家光依然坚守在自己的机床上，在平凡的岗位做着并不平凡的事。

在学习中，同学们要培养对职业的热爱并坚守职业的初心。数控加工是更高级更先进的机械加工，也是真正为国家、社会和企业生产零件产品的专业。同学们要"学一行，干一行，精一行"，真正实现"技能强国"的目标。

任务一　　认识数控车床

任务描述与引出

实际生产中，经常要加工如图 1-1-1 所示的回转类零件。加工此类零件要使用哪一类机床设备呢？采用数控机床与传统机床分别加工此类零件，哪一类机床设备更有优势呢？

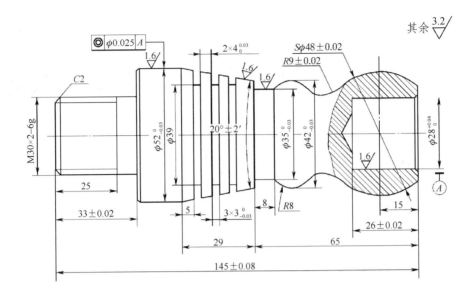

图 1-1-1　回转类零件

任务要求

（1）能读懂回转类零件的零件图样。

（2）能快速选择所使用的机床设备。

（3）熟悉所选机床设备的组成及加工特点。

任务思考

（1）数控车床与普通车床相比，结构上有何优化改进？

（2）数控车床能否完全取代普通车床？

基本知识

一、数控车床初识

加工如图 1-1-1 所示的回转类零件一般使用数控车床或车床。数控车床作为使用最广泛的数控机床之一，主要用于加工轴类、盘套类等回转类零件。它通过程序控制可自动完成内外圆柱面、圆锥面、圆弧及螺纹等的切削加工，也可进行切槽、钻孔、扩孔和铰孔等工作。

与普通车床相比，数控车床的加工精度高，生产效率高，并且适合加工形状复杂的回转类零件。

实际生产中，两类机床均有各自的优势和特点，但大批量生产和加工形状比较复杂的零件时，使用数控车床更具优势。

二、数控车床的基本组成

数控车床主要由车床本体、数控系统和辅助装置等部分组成，其外观如图1－1－2所示。

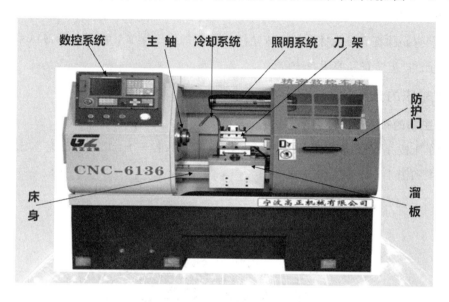

图1－1－2　数控车床

1. 车床本体

车床本体的功能是支撑机械零部件和组件的本体，并保证这些零部件在切削过程中的精确位置，主要包括床身、主轴、溜板和刀架等。

2. 数控系统

数控系统由数控单元、步进伺服驱动单元和减速步进电机组成。其外观形式主要包括显示器、操作控制面板等。FANUC 0iT数控车床系统操作界面如图1－1－3所示。

图1－1－3　FANUC 0iT数控车床系统操作界面

很多数控单元中采用 MCS-5L 单片机。数控单元的控制程序是实现各种功能的核心，在零件加工程序中，只要给定具体的加工长度、移动方向、进给速度，控制程序在中央处理单元的支持下，即可按照所输入的加工程序数据，经过计算处理，发出所需要的脉冲信号，经驱动器功率放大后，驱动步进电机，由步进电机拖动机械负载，实现机床的自动控制。

3．辅助装置

辅助装置是保证充分发挥数控车床功能所必需的配套装置，主要包括液压系统、冷却和润滑系统、排屑装置和照明系统等。

三、数控车床的分类

1．按主轴的布置形式分类

数控车床按主轴的布置形式分类，可分为卧式数控车床和立式数控车床，分别如图 1-1-4 和图 1-1-5 所示。

图 1-1-4　卧式数控车床

图 1-1-5　立式数控车床

2. 按数控系统的功能分类

数控车床按数控系统的功能分类，分为经济型数控车床和全功能数控车床，分别如图 1-1-6 和图 1-1-7 所示。

图 1-1-6　经济型数控车床

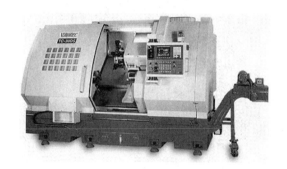

图 1-1-7　全功能数控车床

目前还有一种应用较多、工艺范围较宽的数控设备——车削中心，如图 1-1-8 所示。

图 1-1-8　车削中心

3. 按车床刀架数量分类

数控车床按车床刀架数量分类，可分为单刀架数控车床和双刀架数控车床，分别如图 1-1-9 和图 1-1-10 所示。

图 1 - 1 - 9   单刀架数控车床

图 1 - 1 - 10   双刀架数控车床

四、数控车床的结构特点

数控车床的结构特点主要有以下几方面：

（1）采用了高性能的无级变速主轴伺服传动系统，大大简化了机械传动结构。

（2）大量采用了精度和刚度等都较好的传动元件，如滚珠丝杠、贴塑导轨等。

（3）采用了多刀架、自动换刀装置和自动排屑装置等，减轻了操作者的劳动强度，并提高了生产率。

（4）大大减小了车床的热变形，保证了车床加工过程中的精度稳定，从而能够获得可靠的加工质量。

五、数控车床的加工特点

数控车床的加工特点主要有以下几个方面：

（1）适应能力强，适用于多品种、小批量零件的加工。

（2）加工精度高，加工质量稳定。

（3）能够加工复杂型面。

（4）加工效率高。

（5）可减轻操作工人的劳动强度。

六、数控车床的加工对象

数控车床的加工对象主要有以下几种：

（1）高精度回转体轴类零件，如图1-1-11所示。

图1-1-11 高精度回转体轴类零件

（2）表面粗糙度小的回转体轴类零件。

（3）轮廓形状复杂的零件，如图1-1-12所示的联轴器。

图1-1-12 联轴器

（4）带有特殊螺纹的回转体零件，如图1-1-13所示的液压管接头。

图1-1-13 液压管接头

技能实训

数控车床的基本操作包括开机操作和各按钮按键的操作。

1. 开机操作

数控车床开机操作步骤如下：

（1）打开数控车床"电源总开关"；

（2）在操作面板上打开"系统电源开关"；

（3）旋开数控车床面板上的"急停旋钮"。

2. 各按钮按键的操作

操作面板各按钮按键的操作包括：

（1）回原点（REF）模式下数控车床的回零操作。

（2）手动数据输入（MDI）模式下主轴原始速度的设定和主轴的启动。

（3）手动进给（JOG）模式下配合方向键刀架的运动。

（4）手轮进给（HNDL）模式下配合方向键刀架的运动。

（5）在"手动进给"或"手轮进给"模式下，主轴"正转"→"停止"→"反转"→"停止"→"正转"的切换。

（6）手动数据输入模式下换刀的操作，如将当前1#刀"T0100"通过输入"T0200"换成2#刀。

课后思考

1. 数控车床由哪几大部分组成？各部分的作用是什么？

2. 试述数控车床的加工特点。

3. 数控车床的主要加工对象有哪些？

任务二 | 数控车削刀具的选用

任务描述与引出

车刀是数控车床重要的切削刀具，常用的车刀如图1-2-1所示。使用数控车床生产加工回转体零件时，选择合适的车刀是非常重要的工作，关系到生产加工的效率和产品的质量。数控车削加工生产中如何选用刀具呢？

图 1-2-1　数控车削常用车刀

任务要求

（1）掌握常用数控车刀的结构和几何角度。

（2）了解常用车刀的种类和用途。

（3）生产加工中能够根据加工材料正确合理地选择车刀。

任务思考

（1）数控车削刀具的种类有哪些？

（2）该如何正确选用数控车刀？

基本知识

一、数控车刀的结构与几何角度

1. 数控车刀的结构

数控车刀的结构与普通车刀相同。以外圆车刀为例，数控外圆车刀切削部分主要由刀尖、主切削刃、副切削刃、前刀面、主后刀面和副后刀面组成，其结构如图 1-2-2

所示。

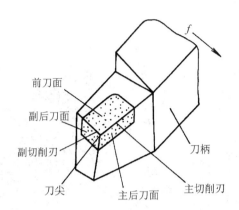

图 1-2-2　车刀外形结构图

（1）前刀面。前刀面是指刀具上切屑流经的表面，一般用 A_r 表示。

（2）主后刀面。主后刀面是指车刀上与工件过渡表面相对的表面，又称后面，一般用 A_a 表示。

（3）副后刀面。副后刀面是指车刀上与已加工表面相对的表面，又称副后面，一般用 A_a' 表示。

（4）主切削刃。主切削刃是指前刀面与主后刀面的交线，一般用 S 表示。

（5）副切削刃。副切削刃是指前刀面与副后刀面的交线，一般用符号 S' 表示。

（6）刀尖。刀尖是主、副切削刃的交点，一般情况下刃磨成一定圆弧半径的刀尖。

2.　数控车刀的几何角度

外圆车刀切削部分的主要几何角度有前角、主偏角、副偏角、主后角、副后角和刃倾角。

（1）前角。前角是前刀面与基面之间的夹角，一般用 γ_o 表示。

（2）主偏角。主偏角是指主切削刃在基面上的投影与进给方向之间的夹角，一般用 κ_r 表示。

（3）副偏角。副偏角是指副切削刃在基面上的投影与背进给方向之间的夹角，一般用 κ_r' 表示。

（4）主后角。主后角是指主后刀面与切削平面之间的夹角，一般用 α_o 表示。

（5）副后角。副后角是指副后刀面与副切削平面之间的夹角，一般用 α_o' 表示。

（6）刃倾角。刃倾角是主切削刃与基面之间的夹角，一般用 λ_s 表示。

数控车刀切削部分的几何角度标注如图 1-2-3 所示。

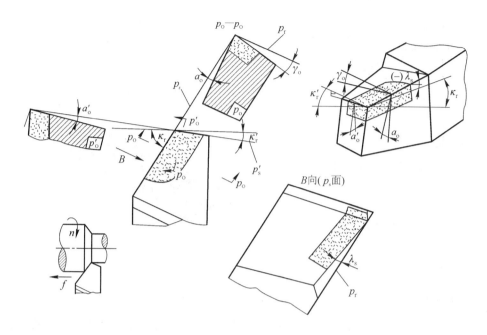

图 1-2-3 数控车刀切削部分的几何角度标注

二、数控车刀的种类及特点

数控车刀是数控车床用于回转类零件进行车削和生产用的专门刀具。

1. 数控车刀的种类

（1）按用途分类。数控车刀按用途可分为外圆车刀、镗孔刀、切槽刀、外螺纹车刀和内螺纹车刀等，分别如图 1-2-4～图 1-2-8 所示。

图 1-2-4 外圆车刀

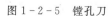

图 1-2-5 镗孔刀

图 1-2-6 切槽刀

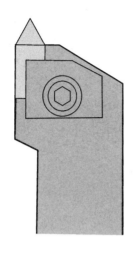

图 1-2-7　外螺纹车刀	图 1-2-8　内螺纹车刀

（2）按结构分类。数控车刀按结构可分为整体式车刀、焊接式车刀和机夹车刀等。

（3）按刀具材料分类。数控车刀按所用材料可分为高速钢刀具、硬质合金刀具、陶瓷刀具、立方氮化硼（CBN）刀具和金刚石刀具等。

2. 数控车刀的特点

数控车床能兼作粗、精车削，因此粗车时，要选强度高、耐用度好的刀具，以满足粗车时大背吃刀量、大进给量的要求；精车时，要选精度高、耐用度好的刀具，以保证工件加工精度的要求。

为减少换刀时间和方便对刀，应尽可能采用机夹车刀和机夹刀片。夹紧刀片的方式要选择得比较合理，最好选择涂层硬质合金刀片。目前，数控车床用得最普遍的是硬质合金刀具和高速钢刀具两种。

数控车刀的特点主要有以下几方面：

（1）刀具刚性好，切削效率高。

（2）有较高的精度和重复定位精度。

（3）有较高的可靠性和耐用度。

（4）能实现刀具尺寸的预调和快速换刀。

（5）具有完善的工具系统。

（6）具有刀具管理系统。

（7）具有在线监控及尺寸补偿系统。

三、数控车刀的材料及选择

数控车刀的材料是指切削部分的材料。刀具材料的性能必须满足硬度、强度、韧性、耐磨性、耐热性等要求。

1. 数控车刀的材料

常用的不同材料的数控车刀主要有以下几种：

（1）普通高速钢刀具。

（2）高性能高速钢刀具。

（3）硬质合金刀具，包括 YG 类硬质合金(ISO－K 类)、YT 类硬质合金(ISO－P 类)、YW 类硬质合金(ISO－M 类)等。

（4）陶瓷刀具，包括纯氧化铝类(白色陶瓷)、金属陶瓷 TiC 添加类(黑色陶瓷)等。

（5）超硬刀具，包括聚晶金刚石(PCD)、聚晶立方碳化硼(PCBN)等。

2. 数控车刀的选择

应根据零件的材料种类、硬度、加工表面的粗糙度要求和加工余量的已知条件，来决定刀片的几何结构(如刀尖圆角)、进给量、切削速度和刀片牌号。在考虑刀具材料物理性能的同时也要考虑经济性。

四、可转位刀片的应用及代码

可转位刀片是将预先加工好并带有若干个切削刃的多边形刀片，用机械夹固的方法夹紧在刀体上的一种刀具，主要由刀片和刀体组成。

当使用过程中一个切削刃磨钝了后，只要将刀片的夹紧松开，转位或更换刀片，使新的切削刃进入工作位置，再经夹紧就可以继续使用。

可转位刀片具有两个特征：一是刀体上安装的刀片至少有两个预先加工好的切削刃供使用；二是刀片转位后的切削刃在刀体上位置不变，并具有相同的几何参数。

1. 可转位刀片的组成

可转位刀片一般由刀片、刀垫、夹紧元件和刀体组成。可转位刀具各部分的作用如下。

（1）刀片：承担切削，形成被加工表面。

（2）刀垫：保护刀体，确定刀片(切削刃)位置。

（3）夹紧元件：夹紧刀片和刀垫。

（4）刀体：刀片及刀垫的载体，承担和传递切削力及切削扭矩，完成刀片与机床的连接。

2. 可转位刀片型号的表示方法

可转位刀片型号通过 10 个字符来表示。

（1）第一位字符：表示刀片形状及夹角；

（2）第二位字符：表示主切削刃后角；

（3）第三位字符：表示刀片尺寸(d、s)公差；

（4）第四位字符：表示刀片断屑及夹固形式；

（5）第五位字符：表示切削刃长度；

（6）第六位字符：表示刀片厚度；

（7）第七位字符：表示修光刃的代码；

（8）第八位字符：表示特殊需要的代码；

（9）第九位字符：表示进刀方向和倒刃角度；

（10）第十位字符：为厂商补充代号等。

3. 常用机夹可转位刀片的选用

常用机夹可转位刀片的选用方法如下。

（1）车外圆的刀片：一般要选通用性较高且在同一刀片上切削刃数较多的刀片。粗车时选较大尺寸，精车、半精车时选较小尺寸。常用刀片形状有 S 形、T 形、C 形、R 形、W 形、D 形和 V 形等。

（2）切断刀片：使用直接压制出断屑槽形的切断刀片。

（3）切槽刀片：切深槽用切断刀片，切浅槽用成型刀片。

（4）螺纹刀片：常用的是 L 形，又分内、外螺纹刀片。

（5）切削刃长度的选择：根据背吃刀量进行选择。

（6）刀尖圆弧的选择：粗车时尽可能采用较大的刀尖圆弧半径，精车时一般采用较小的刀尖圆弧半径。

（7）刀片厚度的选择：通常根据背吃刀量与进给量来选用。

（8）刀片主后角的选择：0°主后角一般用于粗、半精车；5°、7°、11°主后角一般用于半精、精车、仿形及加工内孔。

（9）刀片精度的选择：可转位刀片规定了 16 种精度，其中 6 种适用于车刀，代号为 H、E、G、M、N、U，其中 H 的精度最高，U 最低。普通车床粗、半精加工用 U 级，对刀尖位置要求较高的或数控车床用 M，更高级的用 G。

五、数控车刀的选用原则

数控车刀刀具的选择是数控加工工艺中的重要内容之一。选择刀具通常要考虑机床的加工能力、工序内容、工件材料等因素，要使刀具的尺寸与被加工工件的尺寸和形状相适应。

刀具选择的基本原则是：安装调整方便，刚性好，耐用度和精度高。在满足加工要求的前提下，尽量选择较短的刀柄，以提高刀具加工的刚性。

1. 刀具选择应考虑的主要因素

在选择刀具时，应考虑以下几方面的因素：

（1）被加工工件的材料、性能，如金属、非金属，其硬度、刚度、塑性、韧性及耐磨性等。

（2）加工工艺类别，如车削、钻削、铣削、镗削，粗加工、半精加工、精加工和超精加工等。

（3）加工工件信息，如工件的几何形状、加工余量、零件的技术经济指标等。

（4）刀具能承受的切削用量。切削用量三要素包括主轴转速、切削速度与切削深度。

（5）辅助因素，如操作间断时间、振动、电力波动或突然中断等。

2. 粗、精加工切削用量选择的原则

合理选择切削用量的原则是：粗加工时，一般以提高生产率为主，但也应考虑经济性和加工成本；半精加工和精加工时，应在保证加工质量的前提下，兼顾切削效率、经济性和加工成本。

 **技能实训**

1. 常用的刀具结构

观察数控车削加工常用的刀具结构形状，如外圆刀、切槽刀、螺纹刀。

2. 数控车刀的安装实训

在数控车床四工位的刀架上，安装了外圆粗车刀、外圆精车刀、切槽刀、螺纹刀这四把车刀，应分别装到 1#、2#、3#、4# 刀位上。

操作应在老师的讲解演示后进行，学生可先看一遍老师的操作，然后再自己操作。操作步骤如下：

（1）将 1# 刀位转到当前刀位，将外圆粗车刀装入，使刀尖与尾座上的顶尖等高（不够高可垫垫片），逐个拧紧刀架螺钉，夹紧。

（2）将 2# 刀位转到当前刀位，将外圆精车刀装入，使刀尖与尾座上的顶尖等高，逐个拧紧刀架螺钉，夹紧。

（3）将 3# 刀位转到当前刀位，将切槽刀装入，使刀尖与尾座上的顶尖等高，逐个拧紧刀架螺钉，夹紧。

（4）将 4# 刀位转到当前刀位，将螺纹刀装入，使刀尖与尾座上的顶尖等高，逐个拧紧刀架螺钉，夹紧。

课后思考

1. 数控加工刀具的选用原则有哪些？

2. 粗车和精车时切削刀具如何来选择？

任务三 数控车削常用量具的选用

任务描述与引出

游标卡尺和外径千分尺是数控车削加工常用的两种量具，分别如图 1-3-1 和图 1-3-2 所示。这两种量具如何使用呢？它们的读数原理是怎样的呢？

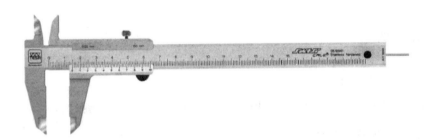

图 1-3-1 游标卡尺

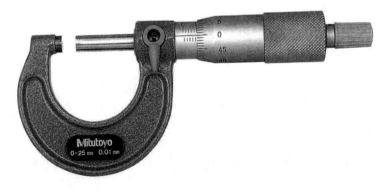

图 1-3-2 外径千分尺

任务要求

（1）能根据量取的零件部位选用符合量程的相关量具。

（2）能够掌握游标卡尺和外径千分尺的使用方法。

（3）能较快读取所用量具量取零件的结果。

任务思考

（1）游标卡尺能否测量零件的深度？

（2）使用外径千分尺时如何操作更为合理？

基本知识

一、游标卡尺

1. 精度与类型

游标卡尺按游标的精度分，有 0.1 mm、0.05 mm 和 0.02 mm 三种精度。

游标卡尺有 0～125 mm、0～200 mm、0～300 mm 和 0～500 mm 等几种规格。

常见的游标卡尺有机械式游标卡尺（如图 1-3-3 所示）、数显式游标卡尺（如图 1-3-4 所示）和带表式游标卡尺（如图 1-3-5 所示）。它们的外观结构上稍有差别，但结构的基本原理相同。

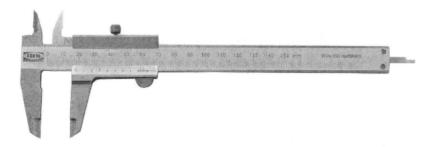

图 1-3-3　机械式游标卡尺

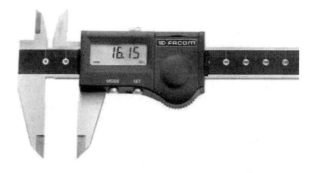

图 1-3-4　数显式游标卡尺

图 1－3－5　带表式游标卡尺

2. 游标卡尺的刻线原理与读数方法

游标卡尺主尺上的刻度以毫米(mm)为单位,副尺的游标刻度是把主尺刻度上 49 mm 的长度等分为 50 等份,所以副尺的游标刻度每格与主尺刻度每格相差 1－0.98＝0.02 mm,即测量精度为 0.02 mm,如图 1－3－6 所示。

图 1－3－6　游标卡尺精度示意图

举例:用游标卡尺测量某一零件,测量结果如图 1－3－7 所示,请读取测量结果。

图 1－3－7　游标卡尺测量举例图

图 1－3－7 所示测量结果读数方法:先看主尺过了 33 mm,再看游标尺对齐的是主尺刻度的哪一格;这里与第 12 格对齐,每格的精度是 0.02 mm,即 12×0.02＝0.24 mm。这样,主尺读数＋游标尺读数＝总的读数,即

$$主尺读数:\qquad 33.00 \text{ mm}$$

$$\frac{游标尺读数:＋\quad 0.24 \text{ mm}}{33.24 \text{ mm}}$$

所以图 1－3－7 所示游标卡尺总的读数是 33.24 mm。

二、千分尺

千分尺的测量精度一般为 0.01 mm。常用的千分尺主要有外径千分尺(如图 1－3－8 所示)、公法线千分尺(如图 1－3－9 所示)、内径千分尺(如图 1－3－10 所示)和深度千分尺(如图 1－3－11 所示)。

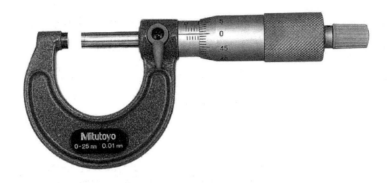

图 1 - 3 - 8　外径千分尺

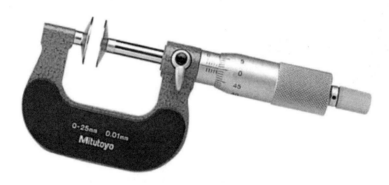

图 1 - 3 - 9　公法线千分尺

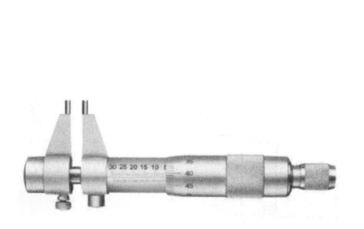

图 1 - 3 - 10　内径千分尺

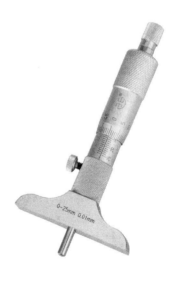

图 1 - 3 - 11　深度千分尺

下面以外径千分尺为例,介绍其结构组成和读数原理。

1. 结构组成

外径千分尺的测量精度一般为 0.01 mm。外径千分尺由砧(测)座、微分筒、固定套筒、测微螺杆、棘轮(测力装置)、锁紧装置等部分组成。左端装有砧座，右端有固定套筒，固定套筒上面沿轴向有格距为 0.5 mm 的刻线(及尺身)。固定套筒内孔螺距为 0.5 mm，与螺杆的螺纹相配合。螺杆的右端有棘轮与微分筒(或活动套筒)相连，微分筒圆周上刻有 50 格刻度(即游标)，如图 1-3-12 所示。

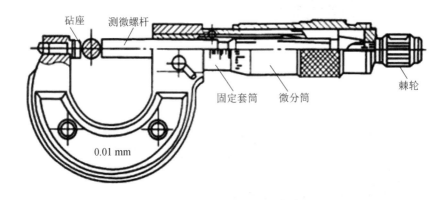

图 1-3-12 外径千分尺结构图

2. 读数原理

外径千分尺固定套筒上有上、下两排刻度线，刻线每小格为 1 mm，相互错开 0.5 mm。活动套筒转一周，螺杆轴向移动 0.5 mm。若活动套筒只转一格，则螺杆的轴向位移为 0.01 mm。

读数分下面三个步骤进行：

(1) 读出固定套筒上露出刻线的毫米数和 0.5 mm 数；

(2) 读出活动套筒上小于 0.5 mm 的小数值；

(3) 将上述两部分相加，即为零件的总尺寸。

例如图 1-3-13 所示外径千分尺，其读数结果为

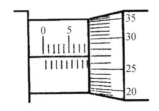

图 1-3-13 外径千分尺读数图

固定套筒上主刻度尺整毫米读数：　　8.00 mm

固定套筒上主刻度尺半毫米读数：　　0.50 mm

微分筒读数：　+ 0.27 mm

　　　　　　　　　　　　　　　　8.77 mm

图 1 - 3 - 13 所示外径千分尺总的读数是 8.77 mm。

三、百分表

百分表是一种进行读数比较的指示式量具，只能测出相对数值，不能测出绝对数值。百分表主要用于测量尺寸、形状和位置误差，也可用于机床上安装工件时的精度找正。常用的百分表主要有电子百分表(如图 1 - 3 - 14 所示)、指针式百分表(如图 1 - 3 - 15 所示)和杠杆百分表(如图 1 - 3 - 16)所示。其结构原理基本相同。

图 1 - 3 - 14　电子百分表　　　　图 1 - 3 - 15　指针式百分表　　　图 1 - 3 - 16　杠杆百分表

下面以指针式百分表为例，介绍其结构和读数原理及应用。

1. 结构

常用指针式百分表的结构如图 1 - 3 - 17 所示。

2. 读数

百分表的刻度盘可以转动，以便测量时让大指针对准零刻线。刻度盘在圆周上有 100 个等分格，各格的读数值为 0.01 mm。小指针每格读数为 1 mm。测量时指针读数的变动量即为尺寸变化量。先读小指针转过的刻度线(即毫米整数)，再读大指针转过的刻度线(即小数部分)，并乘以 0.01 mm，然后两者相加，即为所测量工件的尺寸数值。

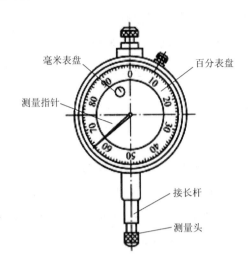

图 1-3-17　指针式百分表结构图

3. 应用

百分表可以用来测量工件的形位公差。图 1-3-18 所示为使用百分表测量工件的直线度,图 1-3-19 所示为使用百分表测量工件的圆度。

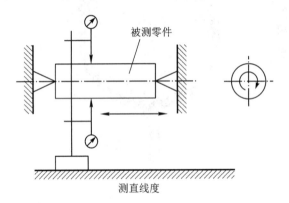

图 1-3-18　使用百分表测量工件直线度

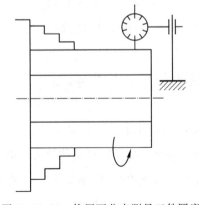

图 1-3-19　使用百分表测量工件圆度

四、内径百分表

内径百分表又称内径量表，广泛用于机械加工行业，主要用于对内孔直径尺寸的测量。内径百分表由表头和表架组成。表头一般用百分表表头作为读数工具，表架一般由隔热手柄、主体、活动测头、定位护桥、固定测头、锁紧螺母等组成，其外形结构如图 1-3-20 所示。

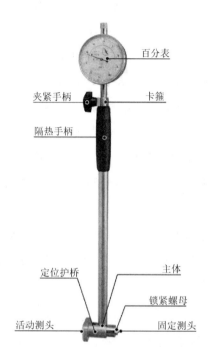

图 1-3-20　内径百分表外形结构图

内径百分表是将活动测头的直线位移通过机械运动转变为百分表指针的角位移或数值量值，从而由百分表进行读数的。内径百分表使用时一般要与外径千分尺配合来测量内孔的直径。

内径百分表的规格主要有 10～18 mm、18～35 mm；35～50 mm 和 50～100 mm 等。

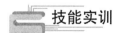 **技能实训**

1. 常用量具

常用量具包括以下几种：

（1）游标卡尺；

（2）外径千分尺；

（3）内径百分表。

2. 测量练习

下面以测量基本尺寸分别为 ϕ40 mm、ϕ24 mm 且均存在尺寸公差的台阶轴的尺寸为例,来介绍外径千分尺的使用,步骤如下:

(1) 量具选择。选择合适的外径千分尺,要根据被测量圆柱直径的大小,分别选择规格为 25~50 mm、0~25 mm 的千分尺。

(2) 进行零位校准。将 25~50 mm 规格的外径千分尺放在桌面上,再将 25 mm 长的标准棒放在测砧与测微螺杆间进行零位校准,查看千分尺是否存在误差。

(3) 如 25~50 mm 的外径千分尺无误差,再用左手持尺架,右手快速转动外径千分尺的活动套筒,使测砧与测微螺杆间的距离大于 40 mm。

(4) 直径测量。移动外径千分尺,使用其测砧与测微螺杆测量 ϕ40 mm 圆柱,右手轻轻转动活动套筒,使测微螺杆逐渐靠近被测工件表面。

(5) 当测砧与测微螺杆基本接触被测工件表面后,用右手大拇指与食指轻轻转动棘轮,直至听到"咔咔"声响为止。此时还应仔细检查测砧与被测工件外圆表面是否接触良好,接触好后方可读数。

(6) 读数。先读取固定套筒上的整数,再读取微分筒上的小数,最后再求和读取。

(7) 同理,用 0~25 mm 规格的外径千分尺测量 ϕ24 mm 的圆柱直径并读数。

课后思考

1. 外径千分尺没超过半毫米时如何读数?

2. 使用游标卡尺如何测量两孔之间的中心距?

项目二

数控车削编程基础

 思政小课堂

1980年,从小热爱飞机的胡双钱进入上海飞机制造厂,被分配到了钳工工段。这对原本学习扳铆工的胡双钱来说,是一个不小的挑战,专业不对口意味着他要付更多的时间和努力,才能熟练掌握这一技艺。然而,他没有抱怨,只要能实现造飞机的梦想,坚决服从分配,在钳工岗位上一做就是三十多年,经他手生产的零件被安装在上千架飞机上,实现了"零差错"的记录。

"每个零件都关系着乘客的生命安全。确保质量,是我最大的职责。"核准、划线、钻导孔、打光……凭借着高度的责任意识,胡双钱在无数个日日夜夜重复着这样的机械动作,近乎苛责地要求自己,只为不出一丝差错。

坚守岗位,精益求精,是匠人的职业道德;而心系祖国航空事业,不断探索技艺提升,更是大国工匠的风范。

同学们在理论学习和技能操作中,践行"工匠精神"非常重要。"工匠精神"体现在生产中一丝不苟、严谨求实、创新、敬业和精益求精的精神。它关系到零件产品的质量,也关系到企业形象问题,更关系到国民的素质问题。

任务一　数控车削编程的内容与步骤

任务描述与引出

进行数控车削零件加工,必须编写正确合理的数控车削程序。那么什么是数控程序呢?数控车削程序又如何编写呢?

任务要求

(1)熟悉数控加工与数控程序的定义。

（2）了解数控程序编制的方法。

（3）掌握数控车削程序编制的内容与步骤。

任务思考

（1）数控车削程序编制中，分析零件图主要分析什么？

（2）确定零件的加工工艺应该注意什么？

基本知识

一、数控加工的定义

数控加工是指预先根据零件加工图样的要求确定零件加工的工艺过程、工艺参数和走刀运动数据，然后编制加工程序，传输给数控系统，在事先存入数控装置内部的控制软件支持下，经处理和计算，发出相应的进给运动指令信号，通过伺服系统使机床按预定的轨迹运动，进行零件的加工。

二、数控程序的定义

通常把从数控系统外部输入的直接用于加工的程序称为数控程序。数控程序的编制称为数控编程，是指从零件图纸到获得数控程序的全部工作过程。

一般数控机床程序的编制严格按照以下步骤进行：分析零件图样、确定工艺过程、数学处理、编写加工程序单和程序校验。

三、数控程序的编制方法

数控程序的编制方法主要有两种：手工编程和自动编程。

1．手工编程

手工编程是指主要由人工完成数控编程的各个阶段工作。

手工编程耗费时间较长，容易出现错误，无法胜任形状复杂零件的程序编制，一般多用于几何形状不太复杂、加工程序不长、计算比较简单的数控加工程序的编制。本书主要介绍手工编程的方法。

2．自动编程

自动编程是指在程序编制过程中，除分析零件图样和制定工艺过程由人工进行外，其余工作均由计算机辅助完成。

四、数控车削编程的步骤

数控车削编程时，具体步骤如下：

1. 分析零件图样

数控编程时，首先要对零件图样进行分析，要分析零件的材料、形状、尺寸、精度、批量、毛坯形状和热处理要求等，以便确定该零件是否适合在数控机床上加工，或适合在哪种数控机床上加工，同时要明确加工的内容和要求。

2. 确定工艺过程

在分析零件图的基础上，还要进行工艺分析，以确定零件的加工方法（如采用的工夹具、装夹定位方法等）、加工路线（如对刀点、换刀点、进给路线）及切削用量（如主轴转速、进给速度和背吃刀量等）等工艺参数。数控加工工艺分析与处理是数控编程的前提和依据，而数控编程就是将数控加工工艺内容程序化。制定数控加工工艺路线时，要合理地选择加工方案，确定加工顺序、加工路线、装夹方式、刀具及切削参数等；考虑所用数控机床的指令功能，充分发挥机床的效能；尽量缩短加工路线，正确地选择对刀点、换刀点，减少换刀次数，并使数值计算方便；合理选取起刀点、切入点和切入方式，保证切入过程平稳；避免刀具与非加工面的干涉，以保证加工过程安全可靠等。

3. 数学处理

数学处理即根据零件图的几何尺寸、确定的工艺路线及设定的坐标系，计算零件粗、精加工运动的轨迹，得到刀位数据。对于形状比较简单的零件（如由直线和圆弧组成的零件）的轮廓加工，要计算出几何元素的起点、终点、圆弧的圆心、两几何元素的交点或切点的坐标值，如果数控装置无刀具补偿功能，还要计算刀具中心的运动轨迹坐标值。对于形状比较复杂的零件（如由非圆曲线、曲面组成的零件），需要用直线段或圆弧段逼近，根据加工精度的要求计算出节点坐标值，这种数值计算一般要用计算机来完成。

4. 编写加工程序单

在完成工艺处理和数值计算后，可以编写零件加工程序单。编程人员根据计算出的运算轨迹坐标值和已制定的加工路线、刀具号码、刀具补偿、切削参数以及辅助动作，按照数控装置规定所使用的功能指令代码及程序段格式，逐段编写加工程序单；还应在程序段之前加上程序的顺序号，在其后加上程序段结束标志符号。编程人员要熟悉数控机床的性能、程序指令代码以及数控机床加工零件的过程，才能编写出正确的加工程序。

5. 程序校验

编写的加工程序单，必须经过校验和试切才能正式使用。

校验的方法是直接把程序单中的内容输入到数控系统中，让机床空运转，以检查机床的运动轨迹是否正确。在有 CRT 图形显示的数控机床上，用模拟刀具与工件切削过程的方法进行检验更为方便。

但这些方法只能检验运动是否正确，不能检查出由于刀具调整不当或编程计算不准而造成的工件误差的大小和加工出工件的具体情况。因此，还要对零件的首件试切进行切削检查，不仅可查出程序单的错误，还可以知道加工精度是否符合要求。当发现有加工误差时，要分析误差产生的原因，找出问题所在，采取修改程序单或者尺寸补偿等措施，直至达到零件图纸的要求。

技能实训

在教师的指导下进行数控车削程序编制过程的实训步骤如下：

（1）发零件图纸，查看零件图中零件的标题栏、技术要求，分析零件的结构形状和尺寸；

（2）确定零件加工工艺、加工步骤顺序和走刀路线，包括装夹方法、刀具选择、尺寸计算、确定切削用量等；

（3）编写数控加工程序单；

（4）程序校验。

任务思考

1．数控编程的定义是什么？

2．数控编程包括哪些步骤？

任务二　　数控机床坐标系和运动

任务描述与引出

数控车床编程和工件加工时，确定工件上各点与刀具的位置关系至关重要，必须设定编程坐标系和工件坐标系，它们一般是重合的。但工件坐标系的基准又在哪里呢？这就必须引入机床坐标系了。因此，学习机床坐标系与工件坐标系并认识它们之间的关系就非常必要。

任务要求

（1）了解数控车床的机床坐标系和工件坐标系。

（2）熟悉坐标系设立的原则和运动方向的规定。

（3）掌握建立工件坐标系的方法，能够正确操作数控车床建立工件坐标系。

任务思考

（1）什么是机床坐标系？

（2）工件坐标系有何作用？

（3）工件坐标系与机床坐标系有何关系？

基本知识

一、机床坐标系

在数控车床上加工零件，车床运动部件的动作是由数控系统发出的指令来控制的。为了确定机床运动部件的运动方向和移动距离，就要在机床上建立一个坐标系，这个坐标系就是机床坐标系。机床坐标系是用来确定工件坐标系的基准坐标系，是机床上固定的坐标系，并设有固定的坐标原点。

1．机床坐标系及运动方向的规定

实际生产中，机床坐标系一般采用符合右手定则规定的笛卡尔坐标系来表示，如图 2-2-1 所示。

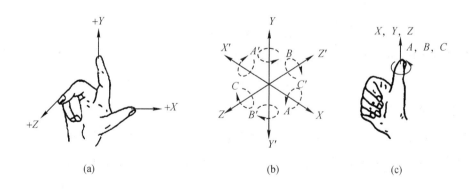

(a)　　　　　　　　　　(b)　　　　　　　　　　(c)

图 2-2-1　右手笛卡尔坐标系

国家标准中规定，直线进给坐标轴用 X、Y、Z 表示，称为基本坐标轴。

图 2-2-1(a) 中大拇指指向 X 轴的正方向，食指指向 Y 轴的正方向，中指指向 Z 轴的正方向。

围绕 X、Y、Z 轴旋转的圆周进给坐标轴分别用 A、B、C 表示，根据右手螺旋定则，以大拇指指向 $+X$、$+Y$、$+Z$ 方向，则其余四指指向圆周进给运动的 $+A$、$+B$、$+C$ 方向，如

图 2-2-1(c)所示。

2. 机床坐标轴的确定

确定机床坐标轴时,一般先确定 Z 轴,然后再确定 X 轴和 Y 轴。

(1) Z 轴的确定。Z 轴的方向是由传递切削力的主轴确定的。国家标准规定:平行于机床主轴的刀具运动坐标轴为 Z 轴,刀具远离工件的方向为正方向。

(2) X 轴的确定。一般规定平行于导轨面,且垂直于 Z 轴的坐标轴为 X 轴。对于工件旋转的机床,如数控车床,取平行于横向滑座的方向(工件径向)为刀具运动的 X 轴方向,且远离工件的方向为 X 轴的正方向,如图 2-2-2 所示数控机床坐标系。

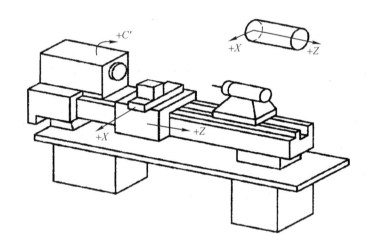

图 2-2-2 机床坐标系

(3) Y 轴的确定。在确定了 X、Z 轴的正方向后,可以按右手笛卡尔直角坐标系确定 Y 轴的正方向。根据加工需要,数控车床只涉及 X 轴和 Z 轴两个坐标,而无 Y 轴坐标。

3. 机床原点

机床坐标系的原点称为机床原点,它是机床上设置的一个固定点。在机床设计、制造和调整后,这个原点就被确定下来,是数控机床进行加工运动的基准参考点。

对于数控车床,一般设定在卡盘的中心处,也有设在刀架正向位移极限位置处的。

4. 机床参考点

机床参考点通常位于机床溜板正向移动的极限点位置。机床参考点可以与机床原点重合,也可以不重合。机床参考点如图 2-2-3 所示。

对于大多数数控机床,开机第一步是先进行手动返回机床参考点,目的是建立机床坐标系,习惯上称作机械回零。

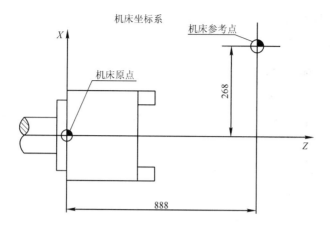

图 2-2-3　机床原点与机床参考点

二、工件坐标系

工件坐标系也称编程坐标系，是编程人员根据零件图样，为方便编程而建立的坐标系。

工件坐标系原点也称编程原点，它是程序编制和工件加工的基准点。对车床而言，工件坐标系原点一般选在工件的回转中心与右（左）端面的交点上。工件坐标系如图 2-2-4 所示。工件坐标系原点在图中一般用"⊕"符号表示。

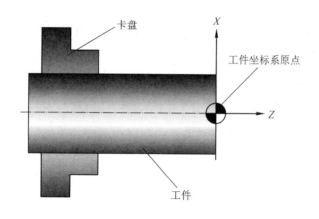

图 2-2-4　工件坐标系

技能实训

一、建立工件坐标系

以工件右端面与对称中心线的交点作为工件坐标系原点，建立工件坐标系的过程称为对刀操作。一般采用手动试切对刀的方法进行对刀操作。

二、手动试切对刀方法

1. G54 对刀法

G54 对刀法的具体步骤如下：

(1) 选择机床的手动操作模式；

(2) 启动主轴，调 1# 刀到当前位置，试切工件外圆，沿 Z 方向退刀，保持 X 方向不移动；

(3) 停主轴，测量出工件的外径值；

(4) 选择机床的 MDI 操作模式；

(5) 按下"offset/setting"参数输入按钮；

(6) 按下屏幕下方的"坐标系"软键；

(7) 光标移至"G54"；

(8) 输入 X 及测量的直径值；

(9) 按下屏幕下方的"测量"软键，同时相对坐标 U 清零；

(10) 启动主轴，试切工件端面，沿 X 方向退刀，保持 Z 方向不移动；

(11) 停主轴，重复以上(4)~(9)步，将第(8)步中的 X 及测量值改为 Z0，相对坐标 W 清零，1# 刀对刀完毕；

(12) 其它刀具对刀，则是移动刀具碰端面、碰外圆，在"offset/setting"参数输入界面下，按【补正】及【形状】软键后，在刀具偏置参数窗口，将光标移至与刀具号对应的刀补参数位置，分别输入相对坐标 U、W 数值即可。

2. 刀补直接输入对刀法

刀补直接输入对刀法的具体步骤如下：

(1) 选择机床的手动操作模式；

(2) 启动主轴，调 1# 刀到当前位置，试切工件端面，沿 X 方向退刀，保持 Z 方向不移动；

(3) 在"offset/setting"参数输入界面下，按【补正】及【形状】软键后，在刀具偏置参数窗口，将光标移至与刀具号对应的刀补参数位置，如"001"行 Z 位置，输入"Z0"，按【测量】软键，Z 向刀具偏置参数即自动存入；

(4) 试切工件外圆，车削长度 15 mm 左右，以便测量工件直径；

(5) 刀具沿 X 轴方向不动，沿 +Z 方向退出；停主轴，测量出工件的外径值，例如测得工件外圆直径为 ϕ34.23 mm(车削外径尺寸应不小于零件所需毛坯尺寸)；

（6）在"offset/setting"参数输入界面下，按【补正】及【形状】软键后，在刀具偏置参数窗口，将光标移至与刀具号对应的刀补参数位置，如"001"行 X 位置，输入"X34.23"后，按【测量】软键，X 向刀具偏置参数即自动存入，1# 刀对刀完毕；

（7）其它刀具对刀，则是移动刀具碰端面、碰外圆，在"offset/setting"参数输入界面下，按【补正】及【形状】软键后，在刀具偏置参数窗口，将光标移至与刀具号对应的刀补参数位置，分别输入"Z0"、"X34.23"按下【测量】软键即可。

课后思考

1. 数控车床的机床坐标系如何确定 X 轴和 Z 轴？正方向有什么规定？
2. 试切法对刀如何操作？

任务三　数控程序结构与程序段格式

任务描述与引出

数控程序的结构是数控程序编制时必须包含的内容，也是编程时必须遵循的书写规则。那么，数控程序的结构如何呢？怎样才能编写出合格的数控程序呢？

任务要求

（1）了解数控程序的编写要求。
（2）掌握数控程序的结构与格式。
（3）掌握程序段的书写方法。

任务思考

（1）程序所包含的内容有哪些？
（2）程序编写时以什么字符开头？一般以什么指令结束？
（3）程序段包含的程序字有哪些？

基本知识

一、数控程序结构

数控车床程序的编制方法分为手工编程和自动编程。本任务主要介绍手工编程的方法。

每一个完整的数控程序都是由程序号、程序内容和程序结束三部分组成的。其格式如下：

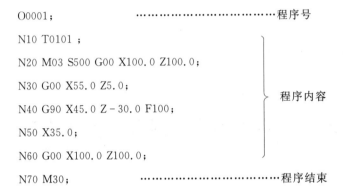

```
O0001；                                    ……………………程序号
N10 T0101 ；
N20 M03 S500 G00 X100.0 Z100.0；
N30 G00 X55.0 Z5.0；
N40 G90 X45.0 Z－30.0 F100；            程序内容
N50 X35.0；
N60 G00 X100.0 Z100.0；
N70 M30；                                  ……………………程序结束
```

1. 程序号

程序号是由字母 O 后面接 4 位数字(不能全为 0)组成的，位于程序的最前面，应单独占一行，如：O2019、O2021 等。

2. 程序内容

程序内容是整个加工程序的核心，它是由若干程序段组成的，程序段又是由一个或多个程序字组成的。

3. 程序结束

程序通常以 M30 指令结束，写在程序最后，单独占一行。

二、程序段格式

程序段是指可作为一个单元来处理的、连续的字组，是数控加工程序中的一条语句。一个数控加工程序是由若干个程序段组成的。

1. 程序段组成

数控程序中，程序段格式是指程序段中的字、字符和数据的安排形式，如图 2 - 3 - 1 所示。

现在一般采用字地址可变程序段格式，每个字长不固定，每个程序段中的长度和功能字的个数都是可变的。也就是说，程序内容中，并非所有的程序段都包含了图 2 - 3 - 1 所示的程序字，编程时可根据实际需要选择有用的程序字。地址可变程序段格式中，在上一个程序段中已经写明的，本程序段里又不发生变化的那些字，可以省略不写。

N	G	X(U)	Z(W)	F	S	T	M
程序段顺序号	准备功能	坐标移动指令	坐标移动指令	进给功能	主轴功能	刀具功能	辅助功能
N10	G01	X50.0	Z－30.0	F80	S600	T0101	M03

图 2-3-1　程序段格式

2. 程序段格式举例

数控程序中，每一个程序段都可以完成某一项具体的功能。例如：

　　N20 M03 S600 T0101；

在该程序段中，完成的功能是系统发出命令，促使主轴正转，并调用1#刀具和调用1#刀补。

技能实训

熟悉并完成一个完整的数控程序步骤如下：

（1）书写程序名；

（2）书写程序的内容；

（3）以指令 M30 结束。

课后思考

1. 数控程序由哪几部分组成？

2. 程序段有什么作用？

任务四　手工编程的各种指令

任务描述与引出

数控程序中包含了各种编程指令，因此要进行手工编程必须掌握和熟练使用各种编程指令。那么，常用的手工编程指令有哪些呢？我们该如何使用呢？

任务要求

（1）熟悉数控车床常用编程指令代码的种类。

（2）掌握准备功能字的功能和用法。

（3）掌握辅助功能字的功能和用法。

任务思考

（1）准备功能字有何作用？

（2）辅助功能字有何功能？

基本知识

一个程序指令字由地址符和带符号或不带符号的数字组成。程序中不同的地址符及其后的数值确立了每个指令字符的含义，在数控车削程序段中包含的主要指令字符如表2-4-1所示。

表 2-4-1　常用指令字符的含义

地址符	功　能	含　义
A	坐标字	绕 X 轴旋转
B	坐标字	绕 Y 轴旋转
C	坐标字	绕 Z 轴旋转
D	补偿号	刀具半径补偿指令
E	——	第二进给功能
F	进给速度	进给速度指令
G	准备功能	指令动作方式
H	补偿号	补偿号指令
I	坐标字	圆弧中心 X 轴向坐标
J	坐标字	圆弧中心 Y 轴向坐标
K	坐标字	圆弧中心 Z 轴向坐标
L	重复次数	固定循环及子程序的循环次数
M	辅助功能	机床开/关指令
N	顺序号	程序段顺序号指令

地址符	功　能	含　义
O	程序号	程序号、子程序号指定
P	——	暂停时间或程序中某功能开始使用的顺序号
Q	——	固定循环终止段号或固定循环中的定距
R	坐标字	固定循环中定距离或圆弧半径的指定
S	主轴功能	主轴旋转指令
T	刀具功能	刀具编号指令
U	坐标字	与 X 平行的附加轴的增量坐标值
V	坐标字	与 Y 平行的附加轴的增量坐标值
W	坐标字	与 Z 平行的附加轴的增量坐标值
X	坐标字	X 轴绝对坐标或暂停时间
Y	坐标字	Y 轴绝对坐标
Z	坐标字	Z 轴绝对坐标

下面以 FAUNC 0i 数控系统为例对常用指令代码进行简要介绍。

一、准备功能

准备功能又称 G 功能或 G 指令，是由地址字 G 和后面的两位数字构成(00～99)的，用来制定车床工作方式或控制系统工作方式的一种命令，主要为数控车床的插补运算、刀补运算、固定循环等做好准备，常见的准备功能如表 2-4-2 所示。

模态功能代码是一组可相互注销的功能，这些功能一旦被执行，则一直有效，直到被同一组的其他功能代码注销为止。

非模态功能代码只在所规定的程序段中有效，程序段结束时被注销。

表 2-4-2　FANUC 0i 系统数控车床常用准备功能

G 代码	组别	功 能 含 义	备注
G00	01	快速点定位	模态
G01		直线插补	
G02		顺时针圆弧插补	
G03		逆时针圆弧插补	
G04	00	暂停	非模态
G17	16	选择 XY 平面	模态
G18		选择 ZX 平面	

续表

G 代码	组别	功 能 含 义	备注
G20	06	英制输入	模态
G21		公制输入	
G27	00	检查参考点返回	非模态
G28		返回机床参考点	
G29		由参考点返回	
G32	01	螺纹切削	模态
G40	07	取消刀尖圆弧半径补偿	模态
G41		刀尖圆弧半径左补偿	
G42		刀尖圆弧半径右补偿	
G50	00	主轴最高转速设定/设定工件坐标系	非模态
G54	14	坐标系设定 1	模态
G70	00	精车循环	模态
G71		内外径粗车复合循环	
G72		端面粗车复合循环	
G73		封闭切削粗车复合循环	
G74		端面深孔钻削循环	
G75		外径、内径切槽循环	
G76		螺纹切削复合循环	
G90	01	单一形状内外径切削循环	
G92		螺纹切削循环	
G94		端面切削循环	
G96	02	恒线速控制	
G97		取消恒线速控制	
G98	05	每分钟进给量	
G99		每转进给量	

二、辅助功能

辅助功能也称 M 功能或 M 指令,由地址字符 M 及其后的数字组成(00~99)。辅助功能用于控制零件程序的走向,以及用来控制数控车床的辅助动作及状态。常用的辅助功能如表 2-4-3 所示。

表 2 - 4 - 3　常用辅助功能

代　码	功　能	代　码	功　能
M00	程序停止	M08	切削液开
M01	程序计划停止	M09	切削液关
M02	程序结束	M30	程序结束并返回起点
M03	主轴正转	M98	调用子程序
M04	主轴反转	M99	子程序结束
M05	主轴停止		

三、F 功能

F 功能也称进给功能，F 指令表示坐标轴的进给速度，它的单位取决于 G98 或 G99 指令。G98 表示每分钟进给量，单位为 mm/min；G99 为每转进给量，单位为 mm/r。

四、S 功能

S 功能又称主轴功能，主要用于控制主轴转速，其后的数值表示主轴转速，单位为 r/min。

五、T 功能

T 功能称为刀具功能，主要用来选择刀具。它由地址符 T 和后续数字组成，有 T××和 T××××之分。数控车削的刀具功能一般是采用四位数字表示的，其中前两位表示刀具号，后两位表示刀具补偿号。例如：

(1) T0101 表示调用 1$^\#$ 刀具，调用 1$^\#$ 寄存器中存储的刀具补偿值；

(2) T0203 表示调用 2$^\#$ 刀具，调用 3$^\#$ 寄存器中存储的刀具补偿值。

六、顺序号 N

顺序号又称程序段号或程序段序号，位于程序段之首，由 N 和若干数字组成。

数控程序中的顺序号实际上是程序段的名称，与程序执行的先后顺序无关，程序执行是按照程序段编写时的排列顺序逐段执行的。一般编程时将第一段程序冠以 N10，之后以间隔 10 递增方式设置顺序号，方便调试程序时插入顺序号，如插入 N11、N12 等。

七、尺寸字

尺寸字用于确定机床上刀具运动终点的坐标位置。尺寸字主要分为以下几组：

(1) 第一组 X、Y、Z、U、V、W、P、Q、R 用于确定终点的直线坐标尺寸；

(2) 第二组 A、B、C、D、E 用于确定终点的角度坐标尺寸；

(3) 第三组 I、J、K 用于确定圆弧轮廓的圆心坐标尺寸。

部分数控系统中，还可以用 P 指令表示暂停时间，用 R 指令表示圆弧半径等。

技能实训

常用功能字的使用与编程训练，主要基于编程一起训练，步骤如下：

（1）输入程序号字 O，如 O1234；

（2）输入程序段顺序号字 N；如 N10；

（3）在 N10 后输入主轴正转的辅助功能字 M03 和主轴功能字 S，后跟主轴转速大小，如 600；

（4）下一段输入 N20，后输入准备功能字如 G00，后跟 X42.0Z3.0；

（5）下一段输入 N30，后跟 X38.0；

（6）下一段输入 N40，后跟 G01 Z－10.0，再跟速度功能字 F，如 F0.20；

（7）下一段输入 N50，后输入 X39.0；

（8）下一段输入 N60，后输入 Z－20.0；

（9）下一段输入 N70，后输入 G00X42.0，

（10）下一段输入 N80，后输入 X100.0Z100.0；

（11）下一段输入 N90，后输入主轴停止的辅助功能字 M05；

（12）下一段输入 N100，后输入 M30。

该程序如下：

```
O1234；
N10 M03 S600 ；
N20 G00X42.0Z3.0；
N30 X38.0；
N40 G01 Z－10.0 F0.20；
N50 X39.0；
N60 Z－20.0；
N70 G00 X42.0；
N80 X100.0 Z100.0；
N90 M05；
N100 M30；
```

课后思考

1. 模态指令与非模态指令的区别是什么？

2．写出五个以上常用的 G 功能和 M 功能代码及其含义。

任务五　数控车削参数的选用

任务描述与引出

数控车削程序编制过程中确定合理的参数是一项非常重要的工作，它直接关系到车削加工过程的顺利进行。那么，数控车削参数有哪些内容呢？粗加工和精加工的车削参数该如何进行选择呢？

任务要求

（1）掌握切削用量所包含的内容。

（2）能够合理选用切削用量，根据加工工艺合理设置车削参数。

（3）掌握粗加工和精加工切削参数的选择。

任务思考

（1）粗加工时选择合理的切削用量的目的是什么？

（2）精加工时选择合理的切削用量的目的是什么？

（3）螺纹加工过程中变换转速会导致什么样的后果出现？

基本知识

一、切削用量的概念

切削用量是指切削时各运动参数的总称，主要包括背吃刀量、进给量和切削速度，称为切削用量三要素。

1．背吃刀量

背吃刀量也称切削深度，是指垂直于进给速度方向的切削层最大尺寸，一般指工件上已加工表面和待加工表面间的垂直距离。

2．进给量

进给量是指刀具在进给运动方向上相对工件的位移量。车外圆时，进给量是指工件每转一周，刀具切削刃相对于工件在进给方向上的位移量，单位是 mm/r。

3. 切削速度

切削速度是刀具切削刃上的某一点相对于待加工表面在主运动方向上的瞬时速度。

切削速度公式：

$$v_c = \frac{\pi D N}{1000}$$

式中：π——3.14；D—— 车床是工件直径，铣床是铣刀直径；N—— 主轴转速，单位为 r/min；1000—— 毫米(mm)转换成米(m)。

二、切削用量的选择

1. 背吃刀量的选择

粗加工时，在工艺系统刚度、刀具耐用度和机床功率允许的情况下，应尽可能选取较大的背吃刀量，以减少进给次数。一般可选 1.5～2.5 mm。

精加工时，特别是当零件精度要求较高时，则应考虑留出精车余量，其所留的精车余量一般比普通车削时所留余量小，常取 0.3～0.5 mm。

2. 进给量的选择

进给量的选取应该与背吃刀量和主轴转速相适应。在保证工件加工质量的前提下，可以选择较高的进给速度(2000 mm/min 以下)。

在切断、车削深孔或精车时，应选择较低的进给速度。当刀具空行程特别是远距离"回零"时，可以设定尽量高的进给速度。

粗车时，一般取 $F=0.3$～0.8 mm/r，精车时常取 $F=0.1$～0.3 mm/r，切断时取 $F=0.05$～0.12 mm/r。

3. 切削速度的选择

切削速度可以根据已经选定的背吃刀量、进给量以及所用刀具耐用度进行选择。在实际加工过程中，也可以根据生产实践经验和查表的方法来选择。

粗加工或工件材料的加工性能比较差时，应该选用较低的切削速度。而精加工或工件材料、刀具的切削性能较好时，应该选择较高的切削速度。

4. 主轴转速的选择

在数控车削加工中，确定好主轴的转速也是非常重要的工作。

(1) 车削外圆时主轴的转速。车外圆时主轴转速应根据零件上被加工部位的直径，并按零件和刀具材料以及加工性质等条件所允许的切削速度来确定。

切削速度除了计算和查表选取外，还可以根据实践经验确定。需要注意的是，交流变频调速的数控车床低速输出力矩小，因而切削速度不能太低。

切削速度确定后,用公式 $n=1000v_c/\pi d$ 计算主轴转速 n(单位为 r/min)。

总之,粗车时,首先考虑选择一个尽可能大的背吃刀量,其次选择一个较大的进给量,最后确定一个合适的切削速度。

精车时,加工精度和表面粗糙度要求较高,加工余量不大且较均匀,因此选择精车切削用量时,应着重考虑如何保证加工质量,并在此基础上尽量提高生产率。

(2)车螺纹时主轴的转速。在车削螺纹时,车床的主轴转速将受到螺纹的螺距 P(或导程)大小、驱动电机的升降频特性以及螺纹插补运算速度等多种因素的影响,故对于不同的数控系统,应推荐不同的主轴转速选择范围。

大多数经济型数控车床推荐车螺纹时的主轴转速 n(单位为 r/min)如下:

$$n \leqslant \left(\frac{1200}{P}\right) - k$$

式中:P—— 被加工螺纹螺距,单位为 mm;k—— 保险系数,一般取为 80。

螺纹车削过程中,中途主轴转速不宜发生改变,以防止产生乱牙的现象。

此外,在安排粗、精车削用量时,应注意机床说明书给定的允许切削用量范围,对于主轴采用交流变频调速的数控车床,由于主轴在低转速时扭矩降低,尤其应注意此时的切削用量选择。

技能实训

数控车削时变换切削用量中的背吃刀量、进给量时,将获得不同的切削结果。验证步骤如下:

(1)启动机床,回参考点,完成基本操作;

(2)编写一个简单的车削圆柱面的程序;

(3)将背吃刀量设为 2.0 mm,进行车削,查看外圆的表面粗糙度;

(4)变换背吃刀量值,设为 1.5 mm,进行车削,对比步骤(3),查看外圆的表面粗糙度情况。

(5)将进给量设为 0.20 mm/r,进行车削,查看外圆的表面粗糙度情况;

(6)将进给量设为 0.30 mm/r,进行车削,对比步骤(5),查看外圆的表面粗糙度情况。

课后思考

1. 切削用量三要素包括什么?

2. 写出切削速度的计算公式,并解释其中各字母的含义。

项目三

典型零件的数控车削编程与实训

 思政小课堂

"工匠精神"体现在产品生产制造的全过程，要做到"严谨""认真""细致"，首先要热爱这个职业，热爱所在的岗位。大家要坚信在普通岗位上也能成才和出彩，像我们国家许多高技能人才都是先在普通岗位上"十年磨一剑"，最终成长为"大国工匠"的。他们在各行各业取得了了不起的成绩，如高凤林、陈行行、朱恒银、李云鹤等。

任务一　内外圆柱面的编程与实训

任务描述与引出

工件在加工过程中，经常需要加工一些由圆柱面组成的阶梯轴，如图3-1-1所示。车削轴类零件时我们主要用到哪些数控指令进行编程呢？阶梯轴零件又如何加工呢？

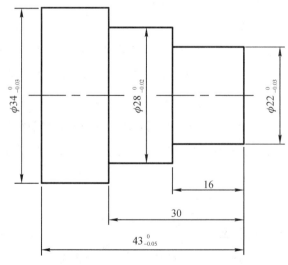

图3-1-1　阶梯轴

任务要求

（1）能读懂阶梯轴类零件的零件图样。

（2）能编写切实可行的加工工艺。

（3）会运用所学指令编写加工程序。

（4）熟悉数控车床的加工生产流程。

（5）会使用游标卡尺、外径千分尺等检测零件的尺寸。

任务思考

（1）加工轴类零件需要选用什么类型的车刀？

（2）车削轴类零件通常运用什么数控指令编程？

（3）车削轴类零件数控编程时，切削用量三要素如何确定较为合理？

基本知识

一、加工准备

1. 设备选择

车削轴类零件选用 FANUC Series 0i Mate - TD 机床，前置四工位刀架；采用三爪自定心卡盘。

2. 零件毛坯

零件毛坯选用 $\phi37$ mm×100 mm 圆形棒料，材质为 $45^\#$ 钢。

3. 量具选用

量具选用方法如下：

（1）直钢尺为 0～150 mm。

（2）游标卡尺为 0.02 mm/0～150 mm。

（3）外径千分尺为 0.01 mm/0～25 mm；0.01 mm/25～50 mm。

二、相关数控指令

加工由外圆柱组成的阶梯轴，主要使用快速点定位 G00、直线插补 G01 等指令。

1. 快速点定位指令——G00

1）指令格式

快速点定位指令格式如下：

G00 X_Z_;

G00 U_W_;

其中：X_Z_表示绝对坐标编程时，刀具快速移至目标点的坐标；U_W_表示相对坐标编程时，刀具移动至目标点相对于其当前点的增量值。

2）指令功能

系统执行 G00 指令时，命令刀具快速移至目标点。快速点定位指令主要用于刀具的快速移动或快速点定位。

3）使用注意事项

快速点定位指令在使用时的注意事项：

（1）使用 G00 指令时，主要用于刀具的空行程和快速移动，是非切削过程，因此在移动过程中，所经过的轨迹空间不能有物体阻挡；

（2）使用 G00 指令时，格式中不能含有移动速度 F 值，其移动速度的大小由数控系统内部指定。

2. 直线插补指令——G01

1）指令格式

直线插补指令格式如下：

G01 X_Z_F_;

G01 U_W_F_;

其中：X_Z_表示绝对坐标编程时，刀具切削至目标点的坐标；U_W_表示相对坐标编程时，刀具切削至目标点相对于其当前点的增量；F_表示刀具直线插补时的切削速度，在 FANUC 数控系统中默认的速度单位为 mm/r。

2）指令功能

系统执行 G01 指令时，命令刀具以直线插补的切削方式切削工件；因此，车削工件时可以切削内外圆柱面、内外圆锥面、端面、切断、切槽等。

3）使用注意事项

直线插补指令在使用时的注意事项：

使用 G01 指令时，主要用于刀具对工件的直线插补，因此编写的程序段中必须含有切削进给速度 F 值。

技能实训

1. 图样分析

图样分析的步骤如下：

（1）读图。

（2）完成相关计算。

2. 选择加工刀具

选择加工刀具主要包括刀具材质和刀具类型。

（1）刀具材质。由于加工材质为 $45^{\#}$ 钢，其表面精度均有要求，因此选用 YT15 系列硬质合金刀具。

（2）刀具类型。选用：$90°$ 外圆粗车刀，$90°$ 外圆精车刀，4 mm 切槽刀。

制定刀具卡如表 3-1-1 所示。

表 3-1-1　数控加工刀具卡

产品名称或代号			零件名称		阶梯轴	零件图号	
序号	刀具号	刀具规格及名称	材质	数量	加工表面		备注
1	T01	$90°$外圆粗车右偏刀	YT15	1	端面、外圆表面		
2	T02	$90°$外圆精车右偏刀	YT15	1	外圆表面		
3	T03	4 mm 切槽刀	YT15	1	切断		
编制			审核				

3. 确定加工工艺

某零件为一端车削的阶梯轴，为保证零件尺寸与同轴度，采用夹持一端方式加工，伸出长度为 60 mm，切削时采用分层车削的方案，工艺路线如下：

（1）对刀时平右端端面。

（2）粗车 $\phi 34^{0}_{-0.03}$ mm，长 47 mm 外圆柱面，其次粗车 $\phi 28^{0}_{-0.02}$ mm，长 30 mm 外圆柱面；然后粗车 $\phi 22^{0}_{-0.03}$ mm，长 16 mm 外圆柱面，三个外圆均留有精加工余量。

（3）精车 $\phi 34^{0}_{-0.03}$ mm 外圆柱面至图样要求的尺寸，长 47 mm；其次精车 $\phi 28^{0}_{-0.02}$ mm 外圆柱面至图样要求的尺寸，长 30 mm；然后精车 $\phi 22^{0}_{-0.03}$ mm 外圆柱面至图样要求的尺寸，长 16 mm。

（4）保证工件总长 $43^{0}_{-0.05}$ mm，切断。制定数控加工工艺卡，如表 3-1-2 所示。

表 3-1-2　数控加工工艺卡

零件名称		零件图号		零件材质	$45^{\#}$ 钢
工序号	程序编号	夹具名称	数控系统		车间
1	0311	三爪自定心卡盘	FANUC Series 0i Mate-TD		

工步号	工步内容	刀具号	主轴转速 （r/min）	进给量 （mm/r）	背吃刀量 （mm）	备注
1	平右端面	T01	600			手动
2	粗车 φ34 mm、φ28 mm、 φ22 mm 外圆柱面	T01	600	0.27	2.5/3.0	自动
3	精车 φ34 mm、φ28 mm、 φ22 mm 外圆柱面	T02	1000	0.15	0.5	自动
4	切断工件	T03	450	0.08		自动
编制		审核		批准		

4. 编写加工程序

参考程序如下：

```
O0311;                          X29.0;
M03S600;                        G00X100.0Z100.0;
T0101;（外圆粗车刀）            M03S1000;
G00X39.0Z3.0;                   T0202;（外圆精车刀）
X34.5;                          G00X39.0Z3.0;
G01Z－47.0F0.27;                G00X21.99;
X38.0;                          G01Z－16.0F0.15;
G00Z3.0;                        X27.99;
X31.0;                          Z－30.0;
G01Z－30.0F0.27;                X33.99;
X35.0;                          Z－47.0;
G00Z3.0;                        X39.0;
X28.5;                          G00X100.0Z100.0;
G01Z－30.0F0.27;                M03S450;
X35.0;                          T0303;（切断刀，4 mm 刀宽）
G00Z3.0;                        G00X39.0Z－47.0;
X25.0;                          G01X0F0.08;
G01Z－16.0F0.27;                X39.0F0.15;
X29.0;                          G00X100.0Z100.0;
G00Z3.0;                        T0100;
X22.5;                          M05;
G01Z－16.0F0.27;                M30;
```

5．加工实施

加工实施过程具体如下：

对刀→程序输入→程序校验与零件空运行→零件自动加工。

课后思考

编写如图 3-1-2 所示零件的数控程序。已知零件毛坯为 $\phi40$ mm；刀具自选。

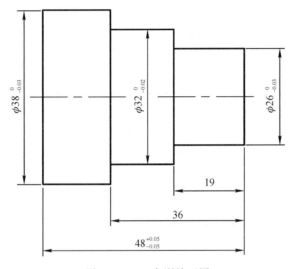

图 3-1-2　实训练习图

任务二　内外圆锥面的编程与实训

任务描述与引出

　　机械零件的设计与加工过程中，圆锥类的零件很常见，它们一般是与圆柱或圆锥等形状进行组合的，如图 3-2-1 所示。车削圆锥轴类的零件时，我们要用到哪些数控指令进行编程呢？相关的数控程序如何编写？圆锥轴类的零件如何加工？

任务要求

（1）能读懂圆锥轴类零件的零件图样。

（2）会进行圆锥相关尺寸的计算。

（2）能编写切实可行的加工工艺。

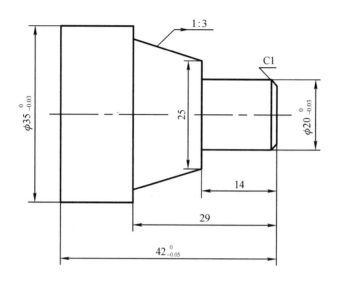

图 3-2-1   圆锥轴图

（3）会合理选用所需的车刀。

（4）会运用所学指令编写加工程序。

（5）熟悉数控车床的加工生产流程。

（6）会使用游标卡尺、外径千分尺等检测零件的尺寸。

任务思考

（1）加工圆锥轴类零件需要选用什么类型的车刀？

（2）车削圆锥轴类零件通常运用什么数控指令编程？

（3）圆锥轴类零件的未知参数如何计算？

（4）车削圆锥轴类零件数控编程时，切削用量三要素如何确定较为合理？

基本知识

一、加工准备

1. 设备选择

选用 FANUC Series 0i Mate-TD 机床，前置四工位刀架；采用三爪自定心卡盘。

2. 零件毛坯

选用 $\phi 37$ mm×100 mm 圆形棒料，毛坯材质为 $45^{\#}$ 钢。

3. 量具选用

（1）直钢尺：0～150 mm。

（2）游标卡尺：0.02 mm/0～150 mm。

（3）外径千分尺：0.01 mm/0～25 mm；0.01 mm/25 mm～50 mm。

二、相关数控指令

车削圆锥轴类零件主要用到单一固定循环圆锥、圆柱车削指令 G90 等数控指令。

1. 单一固定循环圆锥面切削指令——G90

（1）指令格式如下：

G90 X_Z_R_F_；

G90 U_W_R_F_；

其中，X_Z_表示切削圆锥面时终点的坐标；U_W_表示圆锥面切削终点相对其循环起点的增量；R_表示切削圆锥时切削起点与切削终点的半径差，计算时用 $R=(\phi_{切削起点}-\phi_{切削终点})/2$；F_表示单一固定循环切削圆锥时的切削进给速度。

（2）指令功能。单一固定循环圆锥面切削指令 G90，主要实现对圆锥面的连续切削，通过切入、切削、退刀、返回等一系列的连续动作完成切削加工，从而简化程序。

（3）使用注意事项。使用 G90 指令切削圆锥面时，通常所见情形为 $\phi_{切削起点}<\phi_{切削终点}$ 时，R 值一般为负值，且 R 值的计算切忌用圆锥小端直径减去圆锥大端直径，其差值还应除以 2。

2. 单一固定循环圆柱面切削指令——G90

（1）指令格式如下：

G90 X_Z_F_；

G90 U_W_F_；

其中，X_Z_表示切削圆柱面时终点的坐标；U_W_表示圆柱面切削终点相对其循环起点的增量；F_表示单一固定循环切削圆柱时的切削进给速度。

（2）指令功能。单一固定循环圆柱面切削指令 G90，主要实现对圆柱面的连续切削，通过切入、切削、退刀、返回等一系列的连续动作完成切削加工，从而简化程序。

（3）使用注意事项。使用 G90 指令切削圆柱面时，一般程序中的 Z_值是固定不变的，数值 X_是不断变小的，直至车削至所需要的尺寸大小。

技能实训

1. 图样分析

图样分析的步骤如下：

（1）读图。

(2) 相关计算。相关计算包括圆锥的相关计算和 G90 指令格式中 R 值的计算。

圆锥的计算公式为

$$C = \frac{D-d}{L}$$

式中：C—— 圆锥的锥度值；D—— 圆锥大端的直径；d—— 圆锥小端的直径；L——圆锥的长度。

根据公式计算，图 3-2-1 中的 $D = C \cdot L + d$；则 $D = \frac{1}{3} \times 15 + 25 = 30$ mm。

在后述圆锥部分的程序中，拟设定循环起点的坐标为(32，−13)；因此，必定设切削起点的坐标为(X，−13)；经过计算切削起点最后精加工的坐标为(ϕ24.666，−13)，所以 $R = (24.666 - 30)/2 = -2.667$。

2. 选择加工刀具

选择加工刀具包括：

(1) 刀具材质。由于加工材质为 45# 钢，其表面精度均有要求，因此选用 YT15 系列硬质合金刀具。

(2) 刀具类型。选用刀具类型包括：90°外圆粗车刀、90°外圆精车刀、4 mm 切槽刀。

制定刀具卡片如表 3-2-1 所示。

表 3-2-1   数控加工刀具卡

产品名称或代号			零件名称		阶梯轴	零件图号	
序号	刀具号	刀具规格及名称	材质	数量	加工表面		备注
1	T01	90°外圆粗车右偏刀	YT15	1	端面、外圆表面		
2	T02	90°外圆精车右偏刀	YT15	1	外圆表面		
3	T03	4 mm 切槽刀	YT15	1	切断		
编制			审核				

3. 确定加工工艺

该零件为由圆柱轴和圆锥轴组成的轴类零件，为保证零件尺寸与同轴度，采用夹持一端加工另一端的方式加工，伸出长度为 60 mm，切削时采用分层车削的方案，工艺路线如下：

(1) 对刀时平右端端面；

(2) 粗车 $\phi 35^{0}_{-0.03}$ mm，长 46 mm；其次粗车圆锥面，长 29 mm；然后粗车 $\phi 20^{0}_{-0.03}$ mm 外圆柱面，长 14 mm，三个外圆均留有精加工余量；

(3) 精车 $\phi 35^{0}_{-0.03}$ mm，其次精车圆锥面，然后粗车 $\phi 20^{0}_{-0.03}$ mm 外圆柱面，长 14 mm。

(4) 保证工件总长为 $42^{0}_{-0.05}$ mm，切断。

制定数控加工工艺卡，如表 3-2-2 所示。

表 3-2-2 数控加工工艺卡

零件名称		零件图号		零件材质	45# 钢	
工序号	程序编号	夹具名称		数控系统	车间	
1	0321	三爪自定心卡盘		FANUC Series 0i Mate-TD		
工步号	工步内容	刀具号	主轴转速 （r/min）	进给量 （mm/r）	背吃刀量 （mm）	备注
1	平右端面	T01	600			手动
2	粗车 φ35 mm 外圆，圆锥面， φ20 mm 外圆柱面	T01	600	0.27	1.5/2.5/3.0	自动
3	精车 φ35 mm、圆锥面， φ20 mm 外圆柱面	T02	1000	0.15	0.5	自动
4	切断工件	T03	450	0.08		自动
编制		审核		批准		

4. 编写加工程序

参考程序如下：

O0321；	T0202；（外圆精车刀）
M03S600；	G00X39.0Z3.0；
T0101；（外圆粗车刀）	X17.99；
G00X39.0Z3.0；	G01Z0F0.15；
X35.50；	X19.99Z-1.0；
G01Z-46.0F0.27；	Z-14.0；
G00X39.0Z3.0；	X25.00；
G90X33.0Z-29.0F0.27；	X30.0Z-29.0；
X30.5；	X34.99；
X27.5Z-14.0；	Z-46.0；
X25.0；	G00X100.0Z100.0；
X22.5；	M03S450；
X20.5；	T0303；（切断刀）
G00X32.0Z-13.0；	G00X39.0Z-45.98；
G90X31.0Z-29.0R-2.667F0.25；	G01X0F0.08；
X29.50；	X39.0F0.15；
X28.0；	G00X100.0Z100.0；
X26.50；	T0100；
X25.50；	M05；
G00X100.0Z100.0；	M30；
M03S1000；	

5. 加工实施

加工实施过程具体如下：

对刀→程序输入→程序校验与零件空运行→零件自动加工。

课后思考

1. 在计算单一固定循环圆锥面切削指令格式"G90 X_Z_R_F_;"中的 R 值时，可以直接利用"$R=(\phi_{圆锥小端}-\phi_{圆锥大端})/2$"来计算吗？为什么？

2. 如何编写如图 3-2-2 所示零件的数控程序？已知零件毛坯为 $\phi40\ mm\times100\ mm$；刀具自己选用。

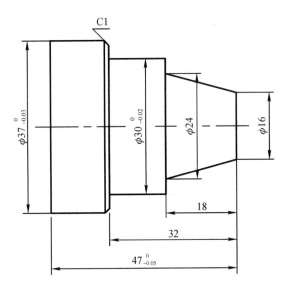

图 3-2-2　实训练习图

3. 如何编写如图 3-2-3 所示零件的数控程序？已知零件毛坯为 $\phi40\ mm\times120\ mm$；刀具自己选用。

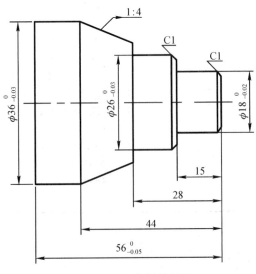

图 3-2-3　实训练习图

任务三 ｜ 圆弧面的编程与实训

任务描述与引出

　　圆弧类的回转体零件经常出现,此类零件一般由一些凸、凹圆弧面与圆柱面、圆锥面等几何要素组成,如图3-3-1所示。技能实训与生产中,车削此圆弧类零件时,我们要用到哪些数控指令进行编程呢?相关的数控程序如何编写?圆弧类轴类零件如何加工呢?

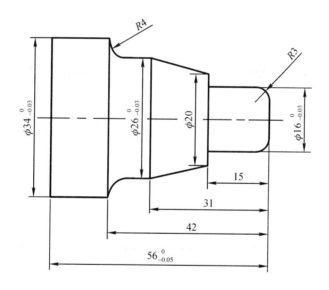

图3-3-1　圆弧轴

任务要求

　　(1)能读懂含圆弧轴类零件的零件图样。

　　(2)能进行圆弧起点与终点相关坐标的计算。

　　(3)对于有上、下偏差的尺寸,用中间尺寸中间值(或接近中间值)进行编程。

　　(4)能编写切实可行的加工工艺。

　　(5)会合理选用所需的车刀。

　　(6)会运用所学指令编写加工程序。

　　(7)熟悉数控车床的加工生产流程。

　　(8)会使用游标卡尺、千分尺等检测零件的尺寸。

任务思考

(1) 车削圆弧类零件通常运用哪些数控指令编程？

(2) 圆弧类零件如何编写粗加工程序？

(3) 加工圆弧轴类零件需要选用什么类型的车刀？

(4) 圆弧类零件中圆弧的起点和终点坐标如何计算？

(5) 数控编程时圆弧类零件切削用量三要素如何确定？

基本知识

一、加工准备

1. 设备选择

选用 FANUC Series 0i Mate – TD 机床，前置四工位刀架；采用三爪自定心卡盘。

2. 零件毛坯

选用 ϕ37 mm×120 mm 圆形棒料，毛坯材质为 45# 钢。

3. 量具选用

量具选用如下：

(1) 直钢尺：0～150 mm。

(2) 游标卡尺：0.02 mm/0～150 mm。

(3) 外径千分尺：0.01 mm/0～25 mm；0.01 mm/25 mm～50 mm。

二、相关数控指令

该零件加工过程中，要用到圆弧插补指令 G02/G03，但由于圆弧上各个点的尺寸坐标难以确定，导致粗加工时用普通指令分层编程很难实行，因此要用到外圆粗加工复合循环指令 G71。

1. 圆弧插补指令——G02/G03

G02 表示顺时针圆弧插补；G03 表示逆时针圆弧插补。

(1) 指令格式。

格式一：G02/G03 X_Z_R_F_；

格式二：G02/G03 X_Z_I_K_F_；

格式三：G02/G03 U_W_R_F_；

格式四：G02/G03 U_W_I_K_F_；

其中，X_Z_表示绝对坐标编程时圆弧终点的坐标；U_W_表示增量编程时圆弧终点相对于圆弧起点分别在 X 轴、Z 轴的增量值；I_K_分别表示圆弧圆心相对于圆弧起点分别在 X 轴、Z 轴上的增量；R_表示圆弧的半径；F_表示圆弧插补时的切削进给速度。

（2）指令功能。系统执行 G02/G03 指令时，命令刀具以一定的切削进给速度从圆弧的起点切向圆弧的终点。

（3）方向的判别。加工外形回转类工件时，观察零件图的上半部分，从圆弧的起点出发，看圆弧的走向，如圆弧的走向为顺时针，则为顺时针圆弧，用 G02 指令指定；如圆弧的走向为逆时针，则为逆时针圆弧，用 G03 指令指定，如图 3-3-2 所示。

一般来说，加工圆弧轴类零件，突起圆弧用 G03 指令，凹陷圆弧用 G02 指令；加工内孔圆弧，则正好相反。

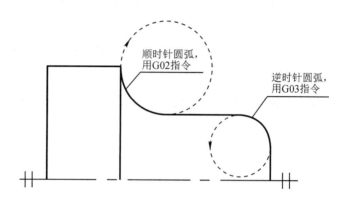

图 3-3-2　圆弧顺/逆方向判别图

（4）使用注意事项。使用 G03/G03 指令时，指令格式中必须要有切削进给速度，否则系统会出现报警提示；在计算圆弧起点或圆弧终点的坐标值时，其数值必须与圆弧半径值一致，否则即使很小的误差，也会出现报警提示。

2. 外圆粗加工复合循环指令——G71

（1）指令格式如下：

G71　UΔd　R$\underline{e}$；

G71　P$\underline{ns}$　Q$\underline{nf}$　UΔu　WΔw　F$\underline{f}$　S$\underline{s}$　T$\underline{t}$；

其中，Δd 表示 X 轴方向每次的背吃刀量，半径值，单位为 mm，一般取值 1.0～2.0；e 表示每次切削的退刀量，半径值，单位为 mm，一般取值 0.5～1.0；ns 表示精加工路线中第一个程序段的顺序号；nf 表示精加工路线中最后一个程序段的顺序号；Δu 表示 X 轴方向的精加工余量，直径值，一般取值 0.3～0.5；Δw 表示 Z 轴方向的精加工余量；f、s、t 分别表示粗加工时的切削进给速度、主轴转速和刀具。

（2）指令功能。G71 指令用于回转类零件内、外径粗车复合循环，即用于根据工件形状的径向分层切削。编程时只要给出最终精加工路径、切削深度和精加工余量，系统就可根据精加工尺寸自动设定精加工前的形状及粗加工的刀具路径。

（3）使用注意事项。使用 G71 指令时，P 所指定的程序段必须为 G00、G01 指令，且其后所接的内容只能出现 X 尺寸字的内容，而不能出现 Z 尺寸字的内容。格式中所设定的 X 向精加工余量不能太小，否则精加工后的表面不光洁。G02/G03 程序段后如果紧接着是直线插补，则 G01 指令必须写上。

3. 精加工循环指令——G70

（1）指令格式如下：

G70   Pns   Qnf；

其中，ns 表示精加工路线中第一个程序段的顺序号；nf 表示精加工路线中最后一个程序段的顺序号。

（2）指令功能。G70 指令主要用于 G71 等指令粗加工后的精加工。精加工的背吃刀量就是粗车循环时留下的精加工余量。

（3）使用注意事项。使用 G70 指令精车时，切削时的点定位应与粗车时设定的循环起点相同。

技能实训

1. 图样分析

图样分析步骤如下：

（1）读图。

（2）相关计算。相关计算包括 R3 凸起圆弧起点坐标、R4 凹陷圆弧起点坐标和圆锥小端坐标。

该圆弧终点 X 轴的坐标值为 $\phi15.99$，圆弧半径为 3 mm，因此可计算其起点 X 轴坐标值为 $\phi9.99$，可得圆弧起点坐标为（9.99，0）。

该圆弧终点 X 轴的坐标值为 $\phi33.99$，圆弧半径为 4 mm，因此可计算其起点 X 轴坐标值为 $\phi25.99$，可得圆弧起点坐标为（25.99，−38）。

然后圆锥起点按照坐标值（19.99，−15）进行编程。

2. 选择加工刀具

选择加工刀具包括：

（1）刀具材质。由于加工材质为 45# 钢，其表面精度均有要求，因此选用 YT15 系列硬质合金刀具。

（2）刀具类型。选用 90°外圆粗车刀、90°外圆精车刀和 4 mm 切槽刀。

制定刀具卡片如表 3-3-1 所示。

表 3-3-1 数控加工刀具卡

产品名称或代号			零件名称		阶梯轴		零件图号
序号	刀具号	刀具规格及名称	材质	数量	加工表面	备注	
1	T01	90°外圆粗车右偏刀	YT15	1	端面、外圆表面		
2	T02	90°外圆精车右偏刀	YT15	1	外圆表面		
3	T03	4 mm 切槽刀	YT15	1	切断		
编制			审核				

3. 确定加工工艺

该零件为由凹凸圆弧、圆柱、圆锥等几何要素组成的轴类零件，为保证零件尺寸精度与同轴度，采用夹持一端加工另一端的方式加工，伸出长度为 70 mm，切削时运用 G70 等指令分层车削的方案，工艺路线如下：

（1）对刀时平右端端面；

（2）用 G71 粗车零件外形，并留有精加工余量；

（3）用 G70 精车零件外形；

（4）保证工件总长为 $56^{0}_{-0.03}$ mm，切断。

制定数控加工工艺卡，如表 3-3-2 所示。

表 3-3-2 数控加工工艺卡

零件名称			零件图号		零件材质		45# 钢
工序号		程序编号	夹具名称		数控系统		车间
1		0331	三爪自定心卡盘		FANUC Series 0i Mate-TD		
工步号		工步内容	刀具号	主轴转速 (r/min)	进给量(mm/r)	背吃刀量 (mm)	备注
1		平右端面	T01	600			手动
2		粗车零件外形	T01	600	0.25	1.5	自动
3		精车零件外形	T02	1000	0.16/0.14	0.5	自动
4		切断工件	T03	450	0.08		自动
编制			审核		批准		

4. 编写加工程序

参考程序如下：

O0331；	G00X100.0Z100.0；
M03S600；	M03S1000；
T0101；（外圆粗车刀）	T0202；（外圆精车刀）
G00X39.0Z3.0；	G00X39.0Z3.0；
G71U1.5R1.0；	G70P1Q2；（精车）
G71P1Q2U0.5W0.1F0.25；	G00X100.0Z100.0；
N1G00X0；	M05；（主轴停止）
G01Z0F0.16；	M00；（程序暂停，可切断前检测零件））
X9.99；	M03S400；
G03X15.99Z-3.0R3.0F0.14；	T0303；（切断刀，4 mm 刀宽）
G01Z-15.0F0.16；	G00X39.0Z-60.0；
X19.99；	G01X0F0.08；
X25.99Z-31.0；	X39.0F0.15；
Z-38.0；	G00X100.0Z100.0；
G02X33.99Z-42.0R4.0F0.14；	T0100；
G01Z-60.0F0.16；	M05；
N2X39.0；	M30；

5. 加工实施

加工实施步骤：对刀→程序输入→程序校验与零件空运行→零件自动加工。

课后思考

如何编写如图3-3-3所示零件的数控程序？已知零件毛坯为ϕ50 mm×120 mm；刀具自己选用。

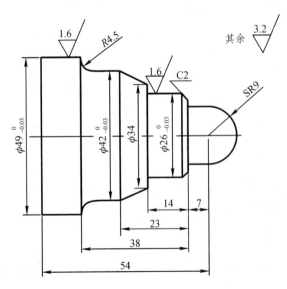

图3-3-3　实训练习图

任务四　切槽与切断的编程与实训

任务描述与引出

对回转体类零件的切槽与切断是常见的加工工艺,有的零件有多个外沟槽,还有的零件一次装夹加工切断前需要倒角,如图3-4-1所示。技能实训与实际生产中,车削此多沟槽轴类零件时,我们要用到哪些数控指令进行编程呢? 相关的数控程序如何编写呢?

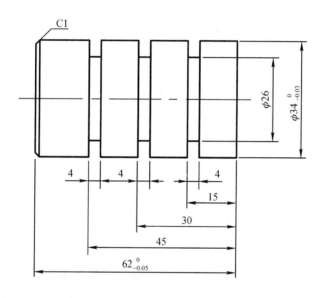

图3-4-1　多沟槽轴类零件图

任务要求

(1) 能读懂多沟槽轴类零件的零件图样。

(2) 掌握多沟槽轴类零件编程所用的数控指令。

(3) 会运用所学指令编写加工程序。

(4) 能编写切实可行的加工工艺。

(5) 会合理选用所需的车刀。

(6) 熟悉数控车床的加工生产流程。

(7) 会使用游标卡尺、外径千分尺等检测零件的尺寸。

任务思考

（1）加工多沟槽轴类零件需要选用什么类型的车刀？

（2）切槽与切断退刀时要注意什么？

（3）车削多沟槽轴类零件采用数控编程时，切削用量三要素如何确定较为合理？

基本知识

一、加工准备

1. 设备选择

选用 FANUC Series 0i Mate-TD 机床，前置四工位刀架；采用三爪自定心卡盘。

2. 零件毛坯

选用 $\phi37$ mm×120 mm 圆形棒料，毛坯材质为 45$^\#$钢。

3. 量具选用

量具选用方法如下：

（1）直钢尺为 0～150 mm。

（2）游标卡尺为 0.02 mm/0～150 mm。

（3）外径千分尺为 0.01 mm/25～50 mm。

二、相关数控指令

加工零件具有尺寸共性的多个外沟槽时，可以使用 G01 指令进行加工，但这样编程工作量较大；实际生产中常使用调用子程序和 G75 指令的方式进行加工，其中 G75 指令因使用简洁易懂而广受青睐。

1. 内外圆沟槽复合循环指令——G75

1）指令格式

G75 指令格式如下：

G75 R$\underline{e}$；

G75 X$\underline{x}$ Z$\underline{z}$ PΔi QΔk RΔd F$\underline{f}$；

其式中，X 表示 X 轴最大切深点的坐标；Z 表示 Z 轴最长切入点的坐标；Δi 表示切槽过程中径向（X 向）的背吃刀量，半径值，单位为 μm；Δk 表示沿径向切完一个刀宽后退出，在 Z 向的移动量，单位为 μm；e 表示分层切削每次退刀量，单位为 mm；Δd 表示刀具在槽底部的退刀量，一般省略；F 表示切槽时的切削进给速度。

2）指令功能

G75 指令用于多次自动循环切削加工径向多槽和宽槽，切深和进刀次数等，均可设置后自动完成。切削时径向断续切削可起到断屑、及时排屑的作用。

3）切槽轨迹

G75 指令切槽刀具轨迹如图 3-4-2 所示。

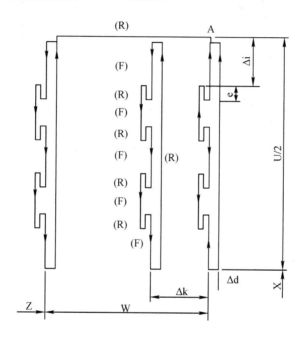

图 3-4-2　G75 指令刀具轨迹图

4）使用注意事项

使用 G75 指令切削多槽时，Δk 的值应为槽距；切削多槽时循环起点应设在第一个槽的外面；切削宽槽时，Z 向的移动量应小于刀宽值。

2. 切断前倒角指令——G01

1）指令格式

G01 指令格式如下：

G01 X_F_;

2）指令功能

G01 指令用于工件一次装夹加工的情况下，在工件切断端切断之前倒角。

3）使用注意事项

在倒角之前勿切断工件；退刀时，只能向 X 轴正方向移动，不能两轴联动；待刀具移至工件表面以外，方可两轴联动，倒角刀具逼近外圆表面时，可用 G01 指令。

4）刀具轨迹

G01 指令刀具切断之前倒角轨迹如图 3-4-3 所示。

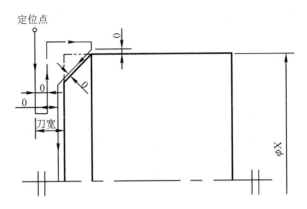

图 3-4-3 G01 指令刀具切断之前倒角运动轨迹图

 技能实训

1. 图样分析

图样分析的步骤如下：

（1）读图。

（2）完成相关计算。

若外圆尺寸有上下偏差，编程尺寸取 X33.99。

2. 选择加工刀具

选择加工刀具主要包括刀具材质和刀具类型。

（1）刀具材质。由于加工材质为 45# 钢，其表面精度均有要求，因此选用 YT15 系列硬质合金刀具。

（2）刀具类型。选用：90°外圆粗车刀；90°外圆精车刀；4 mm 切槽刀。制定刀具卡如表 3-4-1 所示。

表 3-4-1 数控加工刀具卡

产品名称或代号					零件名称	阶梯轴	零件图号	
序号	刀具号	刀具规格及名称	材质	数量	加工表面			备注
1	T01	90°外圆粗车右偏刀	YT15	1	端面、外圆表面			
2	T02	90°外圆精车右偏刀	YT15	1	外圆表面			
3	T03	4 mm 切槽刀	YT15	1	切断			
编制			审核					

3. 确定加工工艺

图 3-4-1 所示零件是由凹凸圆弧、圆柱、圆锥等几何要素组成的轴类零件，为保证零件尺寸精度与同轴度，采用夹持一端、加工另一端的方式加工，伸出长度为 70 mm，切削时采用 G70 等指令分层车削的方案，工艺路线如下：

（1）对刀时平右端端面；

（2）用 G71 指令粗车零件外形，并留有精加工余量；

（3）用 G70 指令精车零件外形；

（4）用 G75 指令切槽；

（5）保证工件总长为 $62_{-0.05}^{0}$ mm，切断前倒角；

（6）切断工件。

制定数控加工工艺卡，如表 3-4-2 所示。

表 3-4-2　数控加工工艺卡

零件名称		零件图号		零件材质	45# 钢
工序号	程序编号	夹具名称		数控系统	车间
1	0341	三爪自定心卡盘		FANUC Series 0i Mate-TD	
工步号	工步内容	刀具号	主轴转速（r/min）	进给量（mm/r）	背吃刀量（mm）	备注
1	平右端面	T01	600			手动
2	粗车零件外形	T01	600	0.25	1.5	自动
3	精车零件外形	T02	1000	0.16/0.14	0.5	自动
4	切外沟槽	T03	400	0.08	2.0	自动
5	切断处倒角	T03	400	0.08		自动
6	切断工件	T03	400	0.08		自动
编制		审核		批准	

4. 编写加工程序

参考程序如下：

O0341;	M00;（程序暂停）
M03S600;	M03S450;
T0101;（外圆粗车刀）	T0303;（切槽刀）
G00X39.0Z3.0;	G00X39.0Z-15.0;
G71U1.5R1.0;	G75R1.0;

G71P1Q2U0.5W0.1F0.25；	G75X26.0Z-45.0P2000Q15000F0.08；
N1G00X0；	G00X39.0Z-65.98；
G01Z0F0.15；	G01X30.0F0.08；
X32.99；	X35.0F0.15；
X33.99Z-0.5；	W1.0；
Z-66.0；	X33.99F0.08；
N2X39.0；	X31.99W-1.0；
G00X100.0Z100.0；	X0；
M03S1000；	X39.0F0.15；
T0202；（外圆精车刀）	G00X100.0Z100.0；
G00X39.0Z3.0；	T0100；
G70P1Q2；（精车）	M05；
G00X100.0Z100.0；	M30；
M05；（主轴停止可测量）	

5. 加工实施

加工步骤：对刀→程序输入→程序校验与零件空运行→零件自动加工→零件检测。

课后思考

如何编写如图3-4-4所示零件的宽槽数控程序？已知外圆表面加工成型，切槽刀刀宽为4 mm。

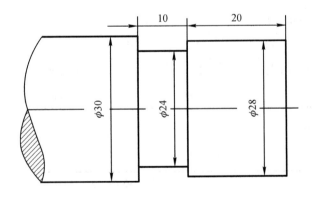

图3-4-4 实训练习图

任务五 | 螺纹的编程与实训

任务描述与引出

很多机械零件含有螺纹结构，主要起连接和紧固的作用。螺纹是螺栓、螺钉、螺母等零件的主要组成部分。实际生产中，大多数螺纹类零件由螺纹、圆柱、圆弧、圆锥等形状构成，如图 3-5-1 所示。加工该零件中的螺纹用什么指令呢？此零件该如何编写数控程序呢？

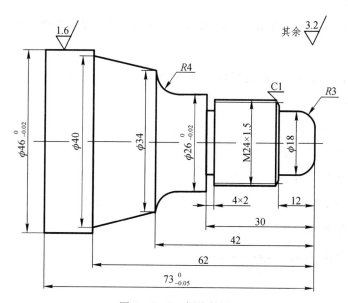

图 3-5-1　螺纹轴图

任务要求

（1）能读懂螺纹类零件的零件图样。

（2）能编写切实可行的加工工艺。

（3）掌握螺纹类零件编程常用的数控指令及格式。

（3）会运用所学指令编写加工程序。

（4）工件要切断。

（5）熟悉数控车床的加工生产流程。

（6）会使用游标卡尺、千分尺、螺纹环规等检测零件的尺寸。

任务思考

(1) 加工螺纹类零件需要选用什么类型的车刀？

(2) 螺纹类零件在编程时螺纹高度如何确定？

(3) 车削螺纹类零件的切削用量三要素如何确定？

基本知识

一、加工准备

1. 设备选择

选用 FANUC Series 0i Mate – TD 机床，前置四工位刀架；采用三爪自定心卡盘。

2. 零件毛坯

选用 $\phi 50$ mm×140 mm 圆形棒料，毛坯材质为 $45^{\#}$ 钢。

3. 量具选用

量具选用方法如下：

(1) 直钢尺为 0~150 mm。

(2) 游标卡尺为 0.02 mm/0~150 mm。

(3) 外径千分尺为 0.01 mm/0~25 mm；0.01 mm/25 mm~50 mm。

(4) 螺纹环规为 M24×1.5－6g。

二、螺纹切削固定循环指令——G92

1) 指令格式

G92 指令格式如下：

G92 X_Z_F_；

G92 U_W_F_；

其中：X_Z_表示绝对坐标编程时螺纹切削终点的坐标值；U_W_表示相对坐标编程时螺纹切削终点相对于起点的坐标值；F_表示螺纹的导程（单线螺纹导程即为螺距）。

2) 指令功能

系统执行 G92 指令时，可命令刀具对螺纹的切削循环，可用于内、外圆柱螺纹的切削。

3) 使用注意事项

使用 G92 指令时，要指定螺纹的导程（螺距）；在螺纹切削过程中不能变换主轴转速。

技能实训

1. 图样分析

图样分析的步骤如下：

（1）读图。

（2）相关计算。

螺纹小径尺寸：

$$d=D-1.3P=24-1.3\times1.5=22.05 \text{ mm}$$

螺纹部分外圆直径车至 23.85 mm。

2. 选择加工刀具

（1）刀具材质。由于加工材质为 45# 钢，其表面精度均有要求，因此选用 YT15 系列硬质合金刀具。

（2）刀具类型。选用 90°外圆粗车刀、90°外圆精车刀、4 mm 切槽刀和 60°外螺纹车刀。

制定刀具卡如表 3-5-1 所示。

表 3-5-1　数控加工刀具卡

产品名称或代号			零件名称		阶梯轴	零件图号	
序号	刀具号	刀具规格及名称	材质	数量	加工表面		备注
1	T01	90°外圆粗车右偏刀	YT15	1	端面、外圆表面		
2	T02	90°外圆精车右偏刀	YT15	1	外圆表面		
3	T03	4 mm 切槽刀	YT15	1	切断、切槽		
4	T04	60°外螺纹车刀	YT15	1	车削 M24×1.5 外螺纹		
编制			审核				

3. 确定加工工艺

图 3-5-1 所示零件是由凹凸圆弧、圆柱、圆锥、退刀槽、螺纹等几何要素组成的轴类零件，为保证零件尺寸精度与同轴度，采用夹持一端、加工另一端的方式加工，伸出长度为 90 mm，切削时运用 G71 指令分层粗车削，G70 指令精车削，切退刀槽和螺纹，最后切断的方案，工艺路线如下：

（1）对刀时平右端端面；

（2）用 G71 指令粗车零件外形，并留有精加工余量；

（3）用 G70 指令精车零件外形；

（4）运用 G01 指令切退刀槽；

（5）运用 G92 指令切削外螺纹；

(6) 保证工件总长为 $73_{-0.05}^{0}$ mm，切断。

制定数控加工工艺卡如表 3－5－2 所示。

表 3－5－2　数控加工工艺卡

零件名称		零件图号		零件材质	45# 钢	
工序号	程序编号	夹具名称		数控系统	车间	
1	0351	三爪自定心卡盘		FANUC Series 0i Mate－TD		
工步号	工步内容	刀具号	主轴转速 (r/min)	进给量 (mm/r)	背吃刀量 (mm)	备注
1	平右端面	T01	600			手动
2	粗车零件外形	T01	600	0.25	1.5	自动
3	精车零件外形	T02	1000	0.16/0.14	0.5	自动
4	切退刀槽	T03	400	0.08		自动
5	车削外螺纹	T04	400	螺距 1.5		自动
6	切断工件	T03	400	0.08		自动
编制		审核		批准		

4. 编写加工程序

参考程序如下：

```
O0351；
N1；(外圆粗车部分)
M03S600；
T0101；(外圆粗车刀)
G00X52.0Z3.0；
G71U1.5R1.0；
G71P10Q20U0.5W0.1F0.25；
N10G00X0；
G01Z0F0.16；
X12.0；
G03X18.0Z－3.0R3.0F0.14；
G01Z－12.0F0.16；
X21.85；
X23.85W－1.0；
Z－30.0；
X25.99；
Z－38.0；
G02X33.99Z－42.0R4.0F0.14；
G01X39.99Z－62.0F0.16；
X45.99；
Z－77.0；
N20X52.0；
G00X100.0Z100.0；
N2；(外圆精车部分)
M03S1000；
T0202；(外圆精车刀)
G00X52.0Z3.0；
G70P10Q20；(精车)
G00X100.0Z100.0；
M05；(主轴停止可测量)
M00；(程序暂停)
```

N3；（切螺纹退刀槽部分）

M03S450；

T0303；（切槽刀）

G00X28.0Z−30.0；

G01X20.0F0.08；

X28.0F0.15；

G00X100.0Z100.0；

N4；（切削螺纹部分）

M03S400；

T0404；（外螺纹车刀）

G00X26.20Z−6.0；

G92X23.20Z−28.0F1.5；（螺纹车削）

X22.70；

X22.40；

X22.20；

X22.10；

X22.05；

G00X100.0Z100.0；

M05；（主轴停止，可螺纹检测）

M00；（程序暂停）

N5；（切断部分）

M03S400；

T0303；（切断刀，也即切槽刀）

G00X52.0Z−77.0；

G01X0F0.08；

X52.0F0.15；

G00X100.0Z100.0；

T0100；

M05；

M30

5. 加工实施

加工步骤：对刀→程序输入→程序校验与零件空运行→零件自动加工→零件检测。

课后思考

1. 零件螺纹部分外圆直径为何不能车至与螺纹公称直径一样大的尺寸？

2. 如何编写如图 3-5-2 所示零件图的数控程序？已知毛坯尺寸为 ϕ45 mm×110 mm；$1^{\#}$ 刀为 90°外圆右偏粗车刀，$2^{\#}$ 刀为 90°外圆右偏精车刀，$3^{\#}$ 刀为 4 mm 刀宽切槽（切断）刀，$4^{\#}$ 刀为 60°螺纹刀。

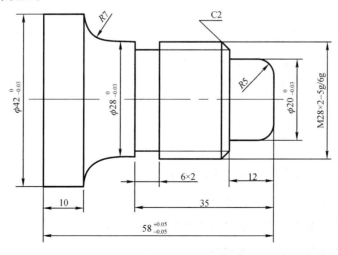

图 3-5-2　实训练习图

3. 如何编写如图 3 - 5 - 3 所示零件图的数控程序？已知毛坯尺寸为 $\phi50\,mm\times135\,mm$；1# 刀为 90°外圆右偏粗车刀，2# 刀为 90°外圆右偏精车刀，3# 刀为 4 mm 刀宽切槽（切断）刀，4# 刀为 60°螺纹刀。

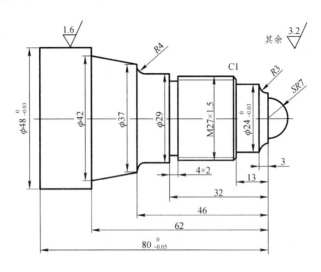

图 3 - 5 - 3 实训练习图

任务六 复合型表面工件的编程与实训

任务描述与引出

机械零件中常见由各种形状表面构成的零件，其中一类形状包含凹、凸圆弧，且凹陷圆弧最小处直径比凸起圆弧最大直径小很多，如图 3 - 6 - 1 所示。这类复合型表面零件程序应如何编写？能用 G71 指令编写吗？

任务要求

（1）能读懂凹凸圆弧形状零件的零件图样。

（2）能编写切实可行的加工工艺路线。

（3）掌握凹凸复合型零件编程常用的数控指令及格式。

（3）会运用所学指令编写加工程序。

（4）工件要切断。

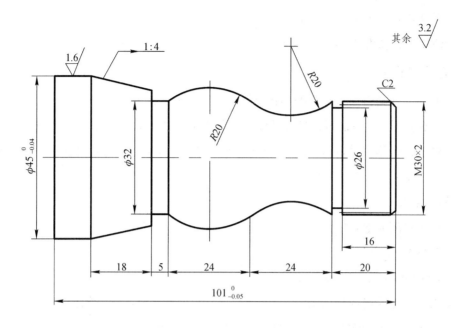

图 3-6-1 复合表面零件图

（5）熟悉数控车床的加工生产流程。

（6）会使用游标卡尺、千分尺、螺纹环规等检测零件的尺寸。

任务思考

（1）加工凹凸圆弧复合零件，选用什么类型的车刀比较合理？

（2）车削凹凸圆弧复合型零件的切削用量三要素如何确定？

基本知识

一、加工准备

1. 设备选择

选用 FANUC Series 0i Mate-TD 机床，前置四工位刀架；采用三爪自定心卡盘。

2. 零件毛坯

选用 $\phi 50$ mm×160 mm 圆形棒料，毛坯材质为 $45^{\#}$ 钢。

3. 量具选用

量具选用方法如下：

（1）直钢尺为 0～150 mm。

（2）游标卡尺为 0.02 mm/0～150 mm。

（3）螺纹环规为 M30×2－6 g。

（4）外径千分尺为 0.01 mm/25～50 mm。

二、相关数控指令

前面所学的外圆粗加工复合循环指令 G71，其不足之处就是当刀具行至工件轮廓最高点后遇凹陷圆弧时，就不能再往后面低洼凹陷的表面加工了，也就是说 G71 指令不能完成"波峰波谷"形回转体轮廓表面的加工。对于图 3－6－1 所示零件，需要使用一个新的数控车削指令，即固定形状粗车复合循环指令 G73。

1．指令格式

G73 指令格式如下：

G73 UΔi WΔk R$\underline{d}$；

G73 P$\underline{ns}$ Q$\underline{nf}$ UΔu WΔw F$\underline{f}$ S$\underline{s}$ T$\underline{t}$；

其中：Δi 表示粗车时径向切除的总余量，为半径值；Δk 表示粗车时轴向切除的总余量；d 表示粗车时循环切削的次数；ns 表示精加工路线中第一个程序段的顺序号；nf 表示精加工路线中最后一个程序段的顺序号；Δu 表示 X 轴方向的精加工余量，直径值，单位为 mm，一般取值 0.3～0.5；Δw 表示 Z 轴方向的精加工余量；f、s 和 t 分别表示粗加工时的切削进给速度、主轴转速和刀具。

2．指令功能

系统执行 G73 功能时，每一刀切削路线的轨迹形状是相同的，但是位置不同。每车完一刀，刀具切削轨迹就靠近工件最终形状移动一层的位置，在留有精车余量的情况下，完成刀具最后一次粗车。因此对于经锻造、铸造等粗加工已初步成型的毛坯，可进行高效加工。

3．使用注意事项

使用 G73 指令的注意事项如下：

（1）使用 G73 指令时，ns 所指定的程序段可以向 X 轴或 Z 轴的任意方向进刀，这一点与 G71 指令是不同的。

（2）G73 指令适于凹凸曲线类轮廓零件的车削编程，适宜于成型毛坯加工，一般不宜用于棒料的加工，因为若用于棒料的加工会有较多的空行程，效率较低。

（3）执行 G73 指令时，用地址 P 和 Q 指定的顺序号应从小到大指定，且指定的顺序号不应在同一程序中指定两次及以上。

（4）G73 指令程序段中的 F、S、T 值是有效的，此时在 ns～nf 之间编入的 F、S、T 功能全部忽略。

（5）使用 G73 指令完成粗加工以后，应用 G70 指令进行精加工，且精加工的 F、S、T 值取决于 ns～nf 之间编入的 F、S、T 功能。

（6）G73 指令循环开始前要设一个循环起点，该起点在 X 方向略大于最大毛坯直径，Z 向距离工件 1～3 mm。

技能实训

1. 图样分析

（1）读图。

（2）相关计算。

经计算图 3-6-1 中凹陷圆弧的最小半径为 $\phi24$ mm，是图中参与循环的最小直径，因此 Δi 值为

$$\Delta i = \frac{\phi_{毛坯} - \phi_{最小} - \phi_{X轴精车余量}}{2} = \frac{50 - 24 - 0.5}{2} = 12.75 \text{ mm}$$

螺纹小径的值为

$$d = D - 1.3P = 30 - 1.3 \times 2 = 27.4 \text{ mm}$$

根据圆锥计算公式 $C = (D-d)/L$，圆锥小端的直径值为

$$d = D - CL = 44.98 - \frac{1}{4} \times 18 = 40.48 \text{ mm}$$

2. 选择加工刀具

由于加工材质为 $45^{\#}$ 钢，其表面精度均有要求，因此选用 YT15 系列硬质合金刀具。

为防止车削过程中车刀的副后刀面与零件的外圆已加工表面产生干涉，要求外圆粗车刀和精车刀的副偏角为 $35°\sim50°$，可根据需要进行刃磨来确定副偏角大小（俗称"尖刀"），如图 3-6-2 所示。

图 3-6-2 确定副偏角

所以选用刀具包括：$90°$外圆粗车刀（副偏角 $35°\sim50°$）；$90°$外圆精车刀（$35°\sim50°$）；4 mm 切槽刀；$60°$外螺纹车刀。

制定刀具卡如表 3-6-1 所示。

表 3 - 6 - 1　数控加工刀具卡

产品名称或代号			零件名称		阶梯轴	零件图号	
序号	刀具号	刀具规格及名称	材质	数量	加工表面		备注
1	T01	90°外圆粗车刀 （副偏角 35°～50°）	YT15	1	端面、外圆表面		
2	T02	90°外圆精车刀 （35°～50°）	YT15	1	外圆表面		
3	T03	4 mm 切槽刀	YT15	1	切槽、切断		
4	T04	60°外螺纹车刀	YT15	1	切削 M30×2.0 螺纹		
编制			审核				

3. 确定加工工艺

图 3 - 6 - 1 所示零件是由螺纹、退刀槽、凹凸圆弧、圆锥、圆柱等几何要素组成的轴类零件，为保证零件尺寸精度与同轴度，采用夹持一端加工另一端的方式加工，伸出长度为 118 mm，切削时运用 G73 指令分层逐渐靠近车削，工艺路线如下：

（1）对刀时平右端端面；

（2）用 G73 指令粗车零件外形，并留有精加工余量；

（3）用 G70 指令精车零件外形；

（4）切削螺纹退刀槽；

（5）切削 M30×2.0 外螺纹；

（6）保证工件总长为 $101^{0}_{-0.05}$ mm，切断。

制定数控加工工艺卡如表 3 - 6 - 2 所示。

表 3 - 6 - 2　数控加工工艺卡

零件名称		零件图号		零件材质	45# 钢	
工序号	程序编号	夹具名称		数控系统	车间	
1	0361	三爪自定心卡盘		FANUC Series 0i Mate - TD		
工步号	工步内容	刀具号	主轴转速 （r/min）	进给量 （mm/r）	背吃刀量 （mm）	备注
1	平右端面	T01	600			手动
2	粗车零件外形	T01	600	0.25	1.5	自动
3	精车零件外形	T02	1000	0.16/0.14	0.5	自动
4	切削螺纹退刀槽	T03	400	0.08		自动
5	切削螺纹	T04	400	螺距2.0		自动
4	切断工件	T03	450	0.08		自动
编制		审核		批准		

4. 编写加工程序

参考程序如下：

O0361；	T0303；（切槽刀）
N1；（外圆粗车部分）	G00X34.0Z－20.0；
M03S600；	G01X26.0F0.08；
T0101；（外圆粗车刀）	X33.0F0.15；
G00X52.0Z3.0；	G00X100.0Z100.0；
G73U12.75W0.5R8；	N4；（切削螺纹部分）
G73P10Q20U0.5W0.1F0.25；	M03S400；
N10G00X0；	T0404；（外螺纹车刀）
G01Z0F0.16；	G00X33.0Z6.0；
X25.85；	G92X29.20Z－18.0F2.0；（螺纹车削）
X29.85Z－2.0；	X28.70；
Z－16.0；	X28.40；
X32.0；	X28.15；
G02X32.0W－24.0R20.0F0.14；	X27.90；
G03X32.0W－24.0R20.0F0.14；	X27.70；
G01W－5.0F0.16；	X27.55；
X40.48；	X27.40；
X44.98W－18.0；	G00X100.0Z100.0；
Z－105.0；	M05；（主轴停止，可进行螺纹检测）
N20X52.0；	M00；（程序暂停）
G00X100.0Z100.0；	N5；（切断部分）
N2；（外圆精车部分）	M03S400；
M03S1000；	T0303；（切断刀，也即切槽刀）
T0202；（外圆精车刀）	G00X52.0Z－104.98；
G00X52.0Z3.0；	G01X0F0.08；
G70P10Q20；（精车）	X52.0F0.15；
G00X100.0Z100.0；	G00X100.0Z100.0；
M05；（主轴停止可测量）	T0100；
M00；（程序暂停）	M05；
N3；（切螺纹退刀槽部分）	M30
M03S400；	

5. 加工实施

加工步骤：对刀→程序输入→程序校验与零件空运行→零件自动加工。

课后思考

1. 如何编写如图 3-6-3 所示零件的数控程序？已知零件毛坯为 ϕ50 mm×140 mm；刀具可自己选用。

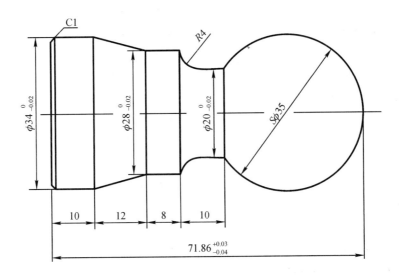

图 3-6-3　实训练习图

2. 如何编写如图 3-6-4 所示零件的数控程序？已知零件毛坯为 ϕ50 mm×140 mm；刀具可自己选用。

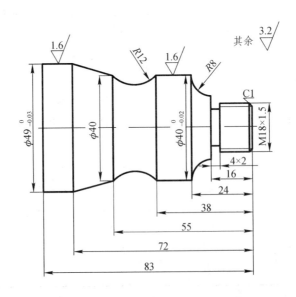

图 3-6-4　实训练习图

3. 如何编写如图 3-6-5 所示零件的数控程序？已知零件毛坯为 ϕ50 mm×140 mm；

刀具可自己选用。

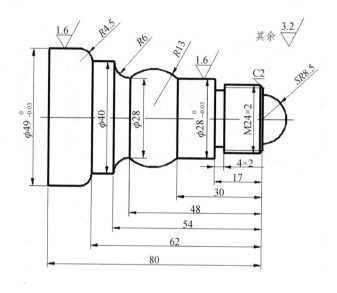

图 3-6-5 实训练习图

任务七 双头零件的编程与实训

任务描述与引出

机械结构中所使用的回转体零件,有的需要将零件的两头都进行加工。这种零件一般由一些常见的形状,如凸凹圆弧、退刀槽、螺纹、圆柱、圆锥、倒角等构成,如图 3-7-1 所示。这种双头零件加工的难点是要保证两头加工部位的同轴度和其它相关的形位误差。那么对于这种双头零件如何保证相关的形位误差呢?相关的数控程序如何编写呢?

任务要求

(1)能读懂双头零件的零件图样。

(2)能编写切实可行的加工工艺。

(3)掌握保证零件两头加工部位同轴度的工艺。

(4)掌握保证零件总长的工艺。

(5)会运用所学指令编写加工程序。

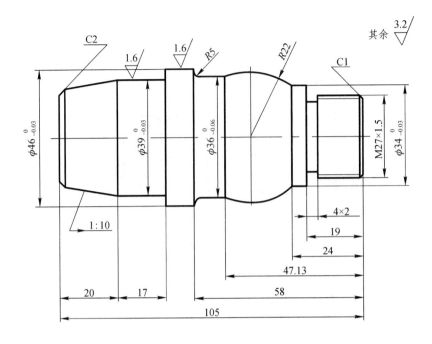

图 3 - 7 - 1 双头零件图

（6）熟悉数控车床的加工生产流程。

（7）会使用游标卡尺、千分尺、螺纹环规等检测零件的尺寸。

⚡ 任务思考

（1）加工双头零件需要选用什么类型的车刀比较合理？

（2）如何保证双头零件各加工部位的同轴度？

（3）车削双头零件的切削用量三要素如何确定？

⚡ 基本知识

一、加工准备

1. 设备选择

选用 FANUC Series 0i Mate - TD 机床，前置四工位刀架；采用三爪自定心卡盘。

2. 零件毛坯

选用 ϕ50 mm×110 mm 圆形棒料，毛坯材质为 45$^\#$ 钢。

3. 量具选用

量具选用如下：

（1）直钢尺为 0～150 mm。

（2）游标卡尺为 0.02 mm/0～150 mm。

（3）螺纹环规为 M27×1.5－6 g。

（4）外径千分尺为 0.01 mm/25～50 mm。

二、暂停功能指令——G04

加工图 3－7－1 所示双头零件，要用到的指令主要有 G71、G73、G92 等指令，在切削螺纹之前要切削退刀槽，为使退刀槽表面光整，要用一个新的指令，即 G04。

1. 指令格式

G04 指令格式如下：

G04 X_；

或   G04 P_；

其中，X_表示暂停的时间，单位为 s（秒）；P_表示暂停的时间，单位为 ms（毫秒）。

2. 指令功能

系统执行 G04 指令时，刀具相对于零件做短时间的无进给光整加工，此时主轴仍然旋转，但无进给运动，以降低表面粗糙度及工件圆柱度。该指令主要用在车削内外沟槽、钻镗孔等方面的排屑。

3. 使用注意事项

G04 指令为非模态指令，只有在本程序段中才有效。

技能实训

1. 图样分析

（1）读图。

（2）相关计算。

经计算该零件图中右端最小半径为 $\phi23.85$ mm，是图中参与循环的最小直径，因此 Δi 的值为

$$\Delta i = \frac{\phi_{毛坯} - \phi_{最小} - \phi_{X轴精车余量}}{2} = \frac{50 - 23.85 - 0.5}{2} = 12.83 \text{ mm}$$

工件右端螺纹小径的值为

$$d = D - 1.3P = 27 - 1.3 \times 1.5 = 25.05 \text{ mm}$$

根据圆锥计算公式 $C = (D-d)/L$，圆锥小端的直径值为

$$d = D - CL = 38.99 - \frac{1}{10} \times 18 = 37.19 \text{ mm}$$

经计算,零件左端倒角起点的直径值为 33.19 mm。

2. 选择加工刀具

由于加工材质为 45# 钢,其表面精度均有要求,因此选用 YT15 系列硬质合金刀具。

刀具类型选用如下:

(1)加工该零件的左端主要用到的刀具:90°外圆精车右偏刀;制定刀具卡如表 3 - 7 - 1 所示。

(2)加工该零件的右端主要用到的刀具:90°外圆粗车右偏刀;90°外圆粗车右偏刀(副偏角 35°～45°);90°外圆精车右偏刀(35°～45°);4 mm 切槽刀;60°外螺纹车刀。

制定刀具卡如表 3 - 7 - 2 所示。

表 3 - 7 - 1　左端数控加工刀具卡

产品名称或代号			零件名称		阶梯轴	零件图号	
序号	刀具号	刀具规格及名称	材质	数量	加工表面		备注
1	T01	90°外圆粗车右偏刀	YT15	1	端面、外圆表面		
2	T02	90°外圆精车右偏刀	YT15	1	外圆表面		
编制			审核				

表 3 - 7 - 2　右端数控加工刀具卡

产品名称或代号			零件名称		阶梯轴	零件图号	
序号	刀具号	刀具规格及名称	材质	数量	加工表面		备注
1	T01	90°外圆粗车刀 (副偏角 35°～45°)	YT15	1	端面、外圆表面		
2	T02	90°外圆精车刀 (35°～45°)	YT15	1	外圆表面		
3	T03	4 mm 切槽刀	YT15	1	切槽、切断		
4	T04	60°外螺纹车刀	YT15	1	切削 M27×1.5 螺纹		
编制			审核				

3. 确定加工工艺

图 3 - 7 - 1 所示零件是由螺纹、退刀槽、凸起圆弧、圆锥、圆柱、倒角等几何要素组成的轴类零件。该零件两端都要切削,为保证零件的尺寸精度与同轴度,采用先夹持一端,车削另一端做一个基准,然后掉头夹持基准,粗、精加工左端,再掉头夹持零件左端,保证工件总长后粗、精车削右端外圆,最后再切槽和切螺纹的方式进行。加工零件左端使用 G71 指令,加工零件右端使用 G73 指令,工艺路线如下:

1）第一次装夹

（1）平一端端面；

（2）手动车削一个基准，$\phi48$ mm～$\phi49$ mm，长约 50 mm。

2）第二次装夹（夹持基准）

（1）用 G71 指令粗车左端外形，长为 50 mm。

（2）用 G70 指令精车左端外形至尺寸要求，长为 50 mm。

3）第三次装夹（夹持 $\phi39^{0}_{-0.03}$ 外圆）

（1）平右端端面，保证零件总长为 105 mm。

（2）用 G73 指令粗车零件右端外形，并留有精加工余量。

（3）用 G70 指令精车零件右端外形。

（4）切削螺纹退刀槽。

（5）切削 M27×1.5 外螺纹。

制定数控加工工艺卡如表 3-7-3 所示。

表 3-7-3　数控加工工艺卡

零件名称		零件图号		零钢件材质	45# 钢
工序号	程序编号	夹具名称	数控系统	车间	
1		三爪自定心卡盘	FANUC Series 0i Mate - TD		
工步号	工步内容	刀具号	主轴转速（r/min）	进给量（mm/r）	背吃刀量（mm）	备注
1	平端面	T01	600			手动
2	车削一装夹基准	T01	600			手动
工序号	程序编号	夹具名称	数控系统	车间	
2	O371	三爪自定心卡盘	FANUC Series 0i Mate - TD		
工步号	工步内容	刀具号	主轴转速（r/min）	进给量（mm/r）	背吃刀量（mm）	备注
1	对刀，平断面	T01	600			手动
2	粗车左端 C2 倒角、外圆锥、$\phi28$ mm 外圆、$\phi46$ mm 外圆	T01	600	0.25	1.5	自动
3	精车 C2 倒角、外圆锥、$\phi28$ mm 外圆、$\phi46$ mm 外圆轮廓至尺寸要求	T02	1000	0.16	0.5	自动

续表

工序号	程序号	夹具名称	数控系统	车间	
3	0372	三爪自定心卡盘	FANUC Series 0i Mate - TD		

工步号	工步内容	刀具号	主轴转速 (r/min)	进给量 (mm/r)	背吃刀量 (mm)	备注
1	平右端端面，保证工件总长	T01	600			手动
2	粗车零件右端螺纹外圆 $\phi27$ mm、$\phi34$ mm 外圆、$R22$ mm 凸起圆弧面、$\phi36$ mm外圆、$R5$ mm 凹陷圆弧面	T01	600	0.25	1.5	自动
3	精车上述外形轮廓至尺寸要求	T02	1000	0.16	0.5	自动
4	切削螺纹退刀槽	T03	400	0.08		自动
5	切削螺纹	T04	400	螺距1.5		自动
编制		审核		批准		

4. 编写加工程序

1）编写零件左端加工程序

参考程序如下：

```
O0371；（左端部分程序）           Z－49；
N1；（外圆粗车部分）             N12X52.0；
M03S600；                       G00X100.0Z100.0；
T0101；（外圆粗车刀）            N2；（外圆精车部分）
G00X52.0Z3.0；                  M03S1000；
G71U1.5R1.0；                   T0202；（外圆精车刀）
G71P11Q12U0.5W0.1F0.25；        G00X52.0Z3.0；
N11G00X0；                      G70P11Q12；（外圆精车部分）
G01Z0F0.16；                    G00X100.0Z100.0；
X33.19；                        T0100；
X37.19Z－2.0；                  M05；
X38.99Z－20.0；                 M30；
Z－37.0；
X45.99；
```

2）编写零件右端加工程序

参考程序如下：

O0372；（右端部分程序）	M00；（程序暂停）
N1；（外圆粗车部分）	N3；（切槽部分）
M03S600；	M03S400；
T0101；（外圆粗车刀，副偏角35°～45°）	T0303；（切槽刀）
G00X52.0Z3.0；	G00X36.0Z－19.0；
G73U12.83W0.3R8；	G01X23.0F0.08；
G73P10Q20U0.5W0.1F0.25；	G04P2000；（暂停2秒光整槽底）
N10G00X0；	G01X36.0F0.15；
G01Z0F0.16；	G00X100.0Z100.0；
X24.85；	N4；（螺纹部分）
X26.85Z－1.0；	M03S400；
Z－19.0；	T0404；（60°螺纹车刀）
X33.99；	G00X29.0Z6.0；
Z－24.0；	G92X26.2Z－17.0F1.5；（螺纹车削）
G03X35.99Z－47.13R22.0F0.14；	X25.70；
G01Z－53.0F0.16；	X25.40；
G02X45.99Z－58.0R5.0F0.14；	X25.20；
N20G01X52.0F0.16	X25.10；
G00X100.0Z100.0；	X25.05；
N2；（外圆精车部分）	G00X100.0Z100.0；
M03S1000；	M05；（停车可进行螺纹检测）
T0202；（外圆精车刀，副偏角35°～48°）	M00；
G00X52.0Z3.0；	T0100；
G70P10Q20；（外圆精车部分）	M05；
G00X100.0Z100.0；	M30；
M05；（主轴停止可测量）	

5. 加工实施

加工步骤：对刀→程序输入→程序校验与零件空运行→零件自动加工。

课后思考

如何编写如图3－7－2所示零件的数控程序？已知零件毛坯为 $\phi50$ mm×103 mm；刀具可自己选用。

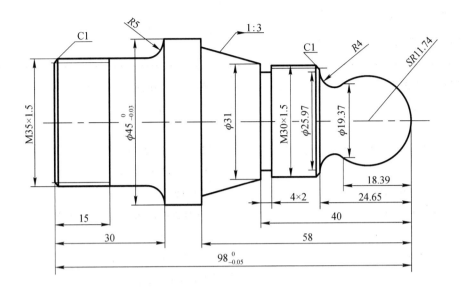

图 3 - 7 - 2　实训练习图

任务八　内孔表面的编程与实训

任务描述与引出

数控车削加工内孔零件是要掌握的基本工艺之一，很多回转体零件都要完成内孔表面的加工，如图 3 - 8 - 1 所示。内孔表面主要有内圆柱、内圆锥、内凸圆弧、内凹圆弧、内沟槽、内螺纹等形状。对于此类内孔表面零件如何编程与加工呢？

任务要求

（1）能读懂内孔类零件的零件图样。

（2）逐渐掌握内孔零件的编程指令及格式。

（3）会运用所学指令编写加工程序。

（4）能编写切实可行的加工工艺。

（5）掌握保证零件两头加工部位同轴度的工艺。

（6）熟悉数控车床的加工生产流程。

（7）会使用游标卡尺、千分尺、内径量表、螺纹环规等检测零件的尺寸。

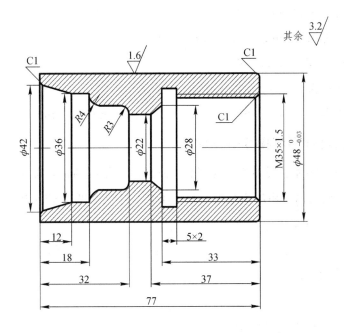

图 3 - 8 - 1　内孔零件图

任务思考

（1）使用内径粗车复合循环指令编写内孔程序时应注意什么？

（2）车削内孔类零件的关键技术有哪些？

（3）如何确定内螺纹底孔的直径大小？

（4）加工内螺纹编程时应注意什么？

（5）车削内孔类零件的切削用量如何确定？

基本知识

一、加工准备

1. 设备选择

选用 FANUC Series 0i Mate - TD 机床，前置四工位刀架；采用三爪自定心卡盘。

2. 零件毛坯

选用 $\phi 50$ mm $\times 80$ mm 圆形棒料，外圆表面已加工成型，底孔已经钻好，底孔直径为 $\phi 20$ mm，毛坯材质为 45$^{\#}$ 钢。

3. 量具选用

量具选用如下：

(1) 直钢尺为 0～150 mm。

(2) 游标卡尺为 0.02 mm/0～150 mm。

(3) 螺纹环规为 M35×1.5－6 g。

(4) 外径千分尺为 0.01 mm/25 mm～50 mm。

(5) 内径量表为 0.01/ϕ18 mm～ϕ35 mm，0.01/ϕ36 mm～50 mm。

二、内径粗加工复合循环指令——G71

图 3-8-1 所示零件主要加工内孔部分，而且内孔的两端都要加工。加工内孔所用的指令为 G71，加工内沟槽所用的指令为 G01，且加工过程中可用 G04 指令进行光整，加工内螺纹所用的指令为 G92。

1. 指令格式

G71 指令格式如下：

G71 UΔd R$\underline{e}$;

G71 P$\underline{ns}$ Q$\underline{nf}$ UΔu WΔw F$\underline{f}$ S$\underline{s}$ T$\underline{t}$;

其中，各参数与之前所述 G71 指令含义基本相同，不再赘述，不同之处是 X 轴方向的精加工余量"Δu"的值应为负值，一般设为"－0.3～－0.5"。

2. 指令功能

当指令格式中 X 轴方向的精加工余量"Δu"的值设为负值(其它参数设计与粗车外径相同)时，系统执行 G71 指令时会指示内孔车刀逐渐由内往外分层车削，在留足精车余量的情况下，由外向内进行最后一次粗车。

3. 注意事项

(1) 使用 G71 指令进行内孔车削时，循环起点的设计 X 轴应比底孔小，Z 轴应在工件端面之前 2 mm～3 mm。

(2) G71 内径粗加工复合循环指令编程时，当编写完精加工程序后，应 Z 轴退至工件端面之外，在远离工件后进行下一工步的加工。

(3) 加工内螺纹部分底孔时，顶径(小径)值计算公式为 $D_1 = D - P$(式中 D 为内螺纹大径，P 为内螺纹螺距)。

技能实训

1. 图样分析

(1) 读图。

(2) 相关计算。

主要计算内螺纹小径值，因为该内螺纹标注为 M35×1.5；因此其内螺纹小径值为
$D_1 = D - P = 35 - 1.5 = 33.5$ mm。

2. 选择加工刀具

由于加工材质为 $45^\#$ 钢，其表面精度均有要求，因此选用 YT15 系列硬质合金刀具。

加工内孔表面车刀主要有通孔车刀（如图 3-8-2 所示）和盲孔车刀（如图 3-8-3 所示）。

图 3-8-2　通孔车刀

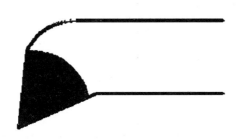

图 3-8-3　盲孔车刀

选刀时，若车削过程中刀具前面没有表面挡住或即使挡住了也对工件的最终形状没有什么影响，则选用通孔车刀；若车削过程中刀具前面有表面挡住且会对内孔工件的最终成型造成影响，如台阶孔之类的，则选用盲孔车刀。选择内孔车刀时，盲孔车刀在一定程度上可以代替通孔车刀的作用，但通孔车刀不能代替盲孔车刀的作用。

图 3-8-1 所示工件外形已经加工成型，主要选择加工零件内孔部分所使用的刀具。

（1）加工该零件左端内孔表面主要用到的刀具：90°外圆粗车右偏刀；盲孔粗车刀；盲孔精车刀。

（2）加工该零件的右端内孔主要用到的刀具：90°外圆粗车右偏刀；盲孔粗车刀；盲孔精车刀；内切槽刀（4 mm 宽）；60°内螺纹车刀。

制定左端内孔刀具卡片如表 3-8-1 所示。

表 3-8-1　左端内孔数控加工刀具卡

产品名称或代号			零件名称		阶梯轴	零件图号	
序号	刀具号	刀具规格及名称	材质	数量	加工表面		备注
1	T01	90°外圆粗车右偏刀	YT15	1	平端面		
2	T01	盲孔粗车刀	YT15	1	零件左端内圆表面		
3	T02	盲孔精车刀	YT15	1	零件左端内圆表面		
编制			审核				

制定右端内孔刀具卡片如表 3-8-2 所示。

表 3-8-2　右端内孔数控加工刀具卡

产品名称或代号			零件名称		阶梯轴	零件图号	
序号	刀具号	刀具规格及名称	材质	数量	加工表面		备注
1	T01	盲孔粗车刀	YT15	1	零件右端内圆表面		
2	T02	盲孔精车刀	YT15	1	零件右端内圆表面		
3	T03	4 mm 内切槽刀	YT15	1	切槽		
4	T04	60°内螺纹车刀	YT15	1	切削 M35×1.5 的内螺纹		
编制			审核				

3. 确定加工工艺

加工该内孔零件，关键问题是要解决刀具刀杆的刚性问题和排屑问题。可以通过控制刀杆长度的方式增强刀杆的刚性，刀杆长度为 45 mm 左右，大小适中，不能太细，但能进入 20 mm 底孔；加工时通过加注冷却液降温和冲击的方式使切屑快速离开切削区，使排屑问题得到解决。

该内孔零件两端都要加工，它主要是由螺纹、退刀槽、圆锥、圆柱、凹凸圆弧、倒角等几何要素组成的内孔类零件。

该零件外圆部分已经加工好，且 $\phi 20$ mm 底孔已经钻好。为保证零件内孔部分的尺寸精度与同轴度，采用夹持一端车削，先粗、精车零件左端内孔形状，然后掉头装夹，平右端端面保证总长，粗、精车零件右端内孔形状，最后切槽和切螺纹的步骤进行。工艺路线如下：

1）第一次装夹

（1）平一端端面；

（2）用 G71 指令粗车零件左端内表面形状，长为 42 mm；

（3）用 G70 指令精车零件左端内表面形状至尺寸要求。

2）第二次装夹

（1）平右端端面，保证工件总长为 77 mm；

（2）用 G71 指令粗车零件右端内表面形状，长为 37 mm；

（3）用 G70 指令精车零件右端内表面形状至尺寸要求；

（4）切削内螺纹退刀槽；

（5）切削 M35×1.5 内螺纹。

制定数控加工工艺如表 3-8-3 所示。

表 3-8-3 数控加工工艺卡

零件名称			零件图号		零件材质	45# 钢
工序号	程序编号		夹具名称		数控系统	车间
1	0381		三爪自定心卡盘		FANUC Series 0i Mate - TD	
工步号	工步内容	刀具号	主轴转速（r/min）	进给量（mm/r）	背吃刀量（mm）	备注
1	平端面	T01	600			手动
2	粗车零件左端内孔部分圆锥、ϕ36 mm 圆柱、凸凹圆弧	T01	600	0.24	1.5	自动
3	精车上述尺寸至要求	T02	1000	0.13	0.4	自动
工序号	程序编号		夹具名称		数控系统	车间
2	0381		三爪自定心卡盘		FANUC Series 0i Mate - TD	
工步号	工步内容	刀具号	主轴转速（r/min）	进给量（mm/r）	背吃刀量（mm）	备注
1	平断面，保总长	T01	600			手动
2	粗车右端内螺纹底孔、圆锥	T01	600	0.24	1.5	自动
3	精车右端内螺纹底孔、圆锥至尺寸要求	T02	1000	0.13/0.14	0.4	自动
4	切削内螺纹退刀槽	T03	400	0.08		自动
5	切 M35×1.5 内螺纹	T04	400	螺距 1.5		自动
编制			审核		批准	

4. 编写加工程序

1）编写零件左端内孔加工程序

参考程序如下：

O0381；（左端内孔程序）	G03X22.0Z－32.0R3.0F0.13；
N1；（内孔粗车部分）	G01Z－42.0F0.14；
M03S600；	N12X19.0；
T0101；（内孔粗车刀）	G00Z3.0
M08；（切削液打开）	G00X100.0Z100.0；
G00X19.0Z3.0；	N2；（内孔精车部分）
G71U1.5R0.8；	M03S1000；
G71P11Q12U－0.4W0.2F0.24；	T0202；（内孔精车刀）
N11G00X44.0；	G00X19.0Z3.0；
G01Z0F0.14；	G70P11Q12；（精车）
X42.0Z－1.0；	G00X100.0Z100.0；
X36.0Z－12.0；	M09；（切削液关闭）
Z－18.0；	T0100；
G02X28.0W－4.0R4.0F0.13；	M05；
G01Z－29.0F0.14；	M30；

2）编写零件右端内孔加工程序

参考程序如下：

O0382；（右端内孔程序）	G00X26.0Z3.0；
N1；（外圆粗车部分）	Z－33.0；
M03S600；	G01X37.5F0.08；
T0101；（内孔粗车刀）	G04P2000；（暂停2秒光整）
M08；（切削液打开）	G01X32.0F0.15；
G00X19.0Z3.0；	W1.0；
G71U1.5R0.8；	X37.5F0.08；
G71P10Q12U－0.4W0.2F0.24；	G04P2000；（暂停2秒光整）
N10G00X35.5；	X26.0F0.15；
G01Z0F0.14；	G00Z3.0；
X33.5Z－1.0；	G00X100.0Z100.0；
Z－33.0；	N4；（内螺纹部分）

X28.0；	M03S400；
X22.0Z-37.0；	T0404；（内螺纹车刀）
N12X19.0；	G00X31.0Z5.0；
G00Z3.0；	G92X34.0Z-30.0F1.5；（内螺纹车削）
G00X100.0Z100.0；	X34.35；
N2；（内孔精车部分）	X34.65；
M03S1000；	X34.80；
T0202；（内孔精车刀）	X34.90
G00X19.0Z3.0；	X34.95；
G70P10Q12；（精车）	X35.0；
G00X100.0Z100.0；	G00X100.0Z100.0
N3；（内沟槽部分）	M05；
M03S400；	M30；
T0303；（内沟槽刀，刀宽 4 mm）	

5. 加工实施

加工步骤：对刀→程序输入→程序检验与零件空运行→零件自动加工。

课后思考

如何编写如图 3-8-4 所示零件内孔部分的数控程序？已知零件外形已加工成型，底孔已钻好，底孔直径为 ϕ22 mm，长度为 60 mm；刀具可自己选用。

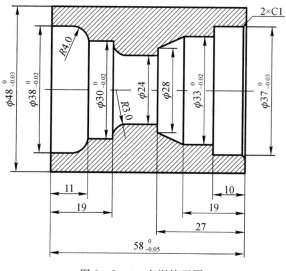

图 3-8-4　实训练习图

项目四

生产实践中零件车削编程与加工

 思政小课堂

学生在实训中,要逐步培养解决实训或生产中遇到的各种工艺问题的能力,以及及时处理偶发问题的能力。这些能力主要是通过平时的实训和工作经历逐渐培养锻炼得到的。在实训中一是要不怕苦,多动手操作实践,做到胆大心细;二是要多想多问;三是要注意技能的积累与巩固。

任务一   液压管接头胶管连接位编程与加工

任务描述与引出

在企业生产中,液压管接头是实践教学对接企业合作生产加工的重要零件,也是零部件专业生产厂家主要开发的系列零件。例如图 4-1-1 所示尾芯系列循环槽零件就属于此类零件。对于此类零件,如何编程和生产加工呢?

任务要求

(1) 能够分析液压管接头零件图;

(2) 熟悉液压管接头的加工路线轨迹和加工顺序;

(3) 掌握加工液压管接头零件所需刀具的选择。

任务思考

(1) 如何能将该液压管接头零件的加工工艺更加优化?

(2) 该液压管接头零件加工过程中如何避免刀具产生干涉?

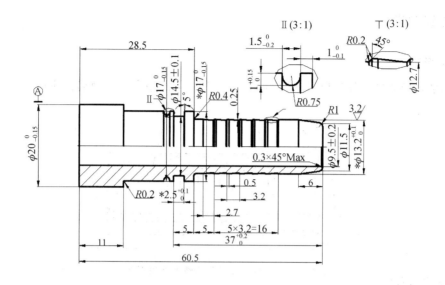

图 4 - 1 - 1 尾芯系列循环槽零件

基本知识

1. 自动倒角、倒圆功能指令——G01

G01 指令的常规功能前面已基本介绍了，这里不再赘述。下面介绍 G01 指令的另一特殊功能，即自动倒角、倒圆功能。

G01 指令格式如下：

G01 X_Z_，C_F_；（任意角度处倒角）

G01 X_Z_，R_F_；（任意角度处倒圆）

G01 X_A_F ；或 G01 Z_A_F_；（向 X 轴或向 Z 轴倒角，即可向 X 轴或 Z 轴倒任意合理角度）

其中，X_Z_表示夹倒角或圆弧的两条直线延长线交点的绝对坐标；C_表示从假象交叉点到倒角起点和倒角终点的距离；R_表示倒角半径；A_表示走任意角度值，值有正负之分，一般角度为 90°～180°时 A 为负值，角度为 180°～270°时 A 为正值。

2. 每转进给量指令——G99

G99 指令表示主轴每转一转，刀具在移动方向上所移动的距离，单位为 mm/r。

技能实训

1. 象形图

尾芯系列循环槽零件的象形图如图 4-1-2 所示，图中①~⑤为编程注意点。

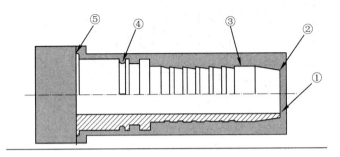

图 4-1-2   尾芯系列循环槽零件象形图

2. 选用刀具

加工图 4-1-1 所示零件制定的刀具卡如表 4-1-1 所示。

表 4-1-1   数控加工刀具卡

刀位号	工步	工步名称	刀片型号	备注
1	1	粗车	TNMG160404-HQ/TN6020	-05 以下
			WNMG0080408-AC830	-06 以上
2	2	定心	定心钻	
3	2	精车	VNGM160404N-HQT6020	-06 以上
			VNGM160402N-HQT6020	-05 以下
			TNGG0160402R/NX2525	-05 以下
4	4	钻孔	钻头	根据图纸选择钻头
5	5	切槽	FC32L250-2.5	-08 以下
			MGMN300-M	-10 以上
7	6	切圆弧	16VER1.4×R0.7/TP04	KQ 槽刀片
8	7	镗孔	CCMT060204-PS/N530	9.5 以下，不镗孔，用 2 号刀去孔毛刺，根据孔大小选择刀排
			CCMT09T304-PS/N530	
			TPMT110304HQ/TN60	

3. 编程注意事项(按照图 4-1-2 象形图序号标记部位)

① 定心、钻孔、镗孔控制要点：

a. 定心时转速一般要调到 S1000 左右；

b. 钻孔切削参数参考值如表 4-1-2 所示；

表 4-1-2　钻孔切削参数参考值

直径 /mm	转速 /(r/min)	进给 /(mm/r)	进给 /(mm/min)	线速度 /(m/min)	直径 /mm	转速 /(r/min)	进给 /(mm/r)	进给 /(mm/min)	线速度 /(m/min)
5	1300	0.1	130	20	22	600	0.2	120	41
6	1200	0.11	132	23	23	600	0.21	126	43
7	1100	0.12	132	24	24	550	0.21	115.5	41
8	1000	0.13	130	25	25	550	0.21	115.5	43
9	1000	0.15	150	28	26	500	0.22	110	41
10	950	0.15	142.5	30	27	500	0.22	110	42
11	900	0.16	144	31	28	450	0.23	103.5	40
12	900	0.16	144	34	29	450	0.23	103.5	41
13	850	0.16	136	35	30	400	0.23	92	38
14	800	0.18	144	35	32	350	0.24	84	35
15	800	0.18	144	38	35	350	0.24	84	38
16	750	0.18	135	38	38	300	0.24	72	36
17	700	0.19	133	37	40	250	0.24	60	31
18	700	0.19	133	40	42	250	0.24	60	33
19	700	0.19	133	42	45	200	0.25	50	28
20	650	0.2	130	41	48	200	0.25	50	30
21	650	0.2	130	43					

c. 钻孔深度大于镗孔深度 5 mm～10 mm，排屑，增加镗孔刀使用寿命；

d. 镗孔（S1100-S550，F0.14-F0.22）；

e. 孔径大于 20 mm 以上的优先采用空心管工艺；

f. 粗镗孔与精镗孔根据孔的大小径选取合理的镗孔刀具；

g. 粗镗孔深度大于精镗孔深度 5 mm～10 mm(S1100-S550，F0.14-F0.22)。

② 快速定位 Z 向一般到 Z5，X 向一般比外圆大 2，锻打不规则加工参数区域(S1800-S2500，F0.14-F0.29)。

③ 外圆精车时根据产品的大小和加工难度选择刀具，刀具角度尽量要大（根据产品结构重点考虑刀尖圆弧）。

循环槽位置根据不同产品的倾斜角，可增加反拉刀具加工角度，与其他标准件一致（反拉刀切削会出铁圈，要沿着 Z 向拉出产品表面）。

④ 加工圆弧槽刀啄式车削(S2200-S2400，F0.08-F0.1)要点：

a. 中杆粗糙度要求低，加工参数区域(S2600，F0.14-F0.27)；

b. 靠近头部台肩走刀，加工参数区域(S2600 F0.1-F0.14)并考虑根部刀尖圆弧。

⑤ 精车尾，最后走刀工步圆弧，倒角过渡(粗车刀加工尺寸比图纸长 1 mm，精车刀倒角)。

4. 走刀路线图

走刀路线：粗车→定心→钻孔→精车→切矩形槽→切圆弧槽→镗孔。

说明：图 4-1-3 中，① 所指箭头线为刀具 G000 退刀路线；② 箭头线为切削进给路线；③ 粗实线为刀具进给轨迹线。

(1) 粗车刀具路线。粗加工刀具路线如图 4-1-3 所示。

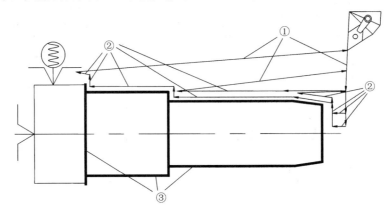

图 4-1-3　粗加工刀具路线轨迹图

(2) 定心钻路线。钻头定心运动路线如图 4-1-4 所示。

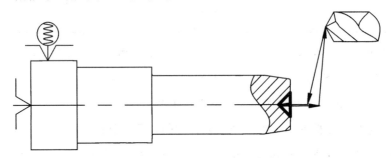

图 4-1-4　钻头定心运动路线图

(3) 钻孔路线。钻孔运动路线如图 4-1-5 所示。

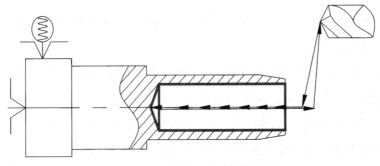

图 4-1-5　钻孔运动路线轨迹图

（4）精车刀具路线。精车刀具路线图如图4-1-6所示。

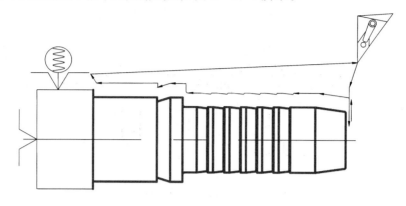

图4-1-6　精车刀具路线轨迹图

（5）切槽刀具路线。切槽刀具路线轨迹如图4-1-7所示。

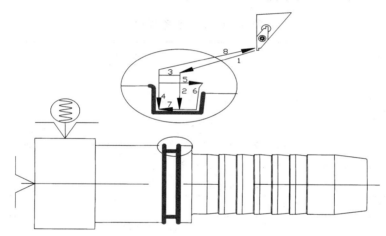

图4-1-7　切槽刀具路线轨迹图

（6）切削圆弧槽刀具路线。切削圆弧槽刀具路线如图4-1-8所示。

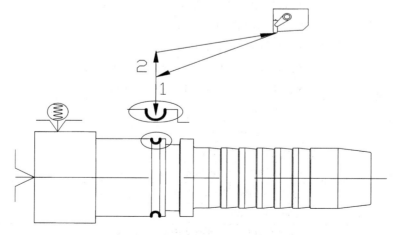

图4-1-8　切削圆弧槽刀具路线轨迹图

（7）镗孔刀具路线。镗孔刀具路线如图 4-1-9 所示。

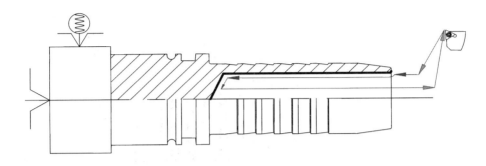

图 4-1-9　镗孔刀具路线轨迹图

5．编写加工程序

参考程序如表 4-1-3 所示。

表 4-1-3　参考程序

程　序	说　明
O3327；	程序号 3327
N0010 G52M8；	程序段号，为了方便此处作为工步号理解，选定设备坐标系（系统不同代码不同），打开切削液
M3S2400T0101G99；	主轴正转，2400 r/min，选用 01 号刀具执行 01 号刀补，转进给模式
（20411-22-08KQTX）	产品图号，备注要加（）
（D20）	毛坯材料外圆直径
（WNMG0080408）	刀具型号
G00X24Z5；	快速定位，X 向定位到 φ24，Z 向定位到 5
X17；	X 向定位到 φ17
G01Z-10F0.16；	Z 向切削到-10，进给速度为 0.16 mm/r
Z-31.9F0.22；	Z 向切削到-31.9，进给速度为 0.22 mm/r
G00U0.5Z5；	退刀，X 向偏移 0.5，Z 向定位到 5
X13；	X 向定位到 φ13 位置
G01Z0.1F0.16；	Z 向切削到 0.1 位置，进给速度为 0.16 mm/r
X14F0.3；	X 向移动到 φ14，进给速度为 0.16 mm/r
U3Z-6F0.22；	X 向增量移动 3，Z 向偏移-6，进给速度为 0.22 mm/r
G00U0.5Z5；	退刀，X 向偏移 0.5，Z 向定位到 5
X10；	X 向定位到直径 φ10
G01Z0.1F0.16；	Z 向切削到 0.1，进给速度为 0.16 mm/r
G00U0.5Z4；	退刀，X 向偏移 0.5，Z 向定位到 5
X8；	X 向定位到 φ8
G01Z0.1F0.16；	Z 向切削到 0.1，进给速度为 0.16 mm/r

续表一

程　序	说　明
X12.0F0.3；	X向切削到φ12，进给速度为0.3 mm/r
X13.6W-6.7F0.22；	X向切削到φ13.6，Z向偏移-6.7，进给速度为0.22 mm/r
Z-31.9F0.26；	Z向切削到-31.9，进给速度为0.26 mm/r
X17.3F0.50；	X向切削到φ17.3，进给速度为0.5 mm/r
Z-49.4F0.22；	Z向切削到Z-49.4，进给速度为0.22 mm/r
X20.5F0.5；	X向切削到φ20.5，进给速度为0.5 mm/r
W-1.0F0.25；	Z向偏移-1，进给速度为25 mm/r
G00X120Z140S1200；	退刀，X向定位到φ120，Z向定位到140，转速降到1200 r/min
N0020 M3S1200T0202G99；	主轴正转，转速为1200 r/min，选用02号刀具执行02号刀补，转进给模式
(DXZ)	定心钻
G00X0Z10；	粗定位到X0，Z10位置（保持定位间距）
Z3；	精定位到Z3位置
G01Z-2.5F0.15；	Z向定心到-2.5，进给速度为0.15 mm/r
G00Z10；	Z向退刀，退刀至10位置
G00X50Z100；	退刀，X向定位到直径φ50，Z向定位到100
N0030 M3S1000T0404G99；	主轴正转，转速为1000 r/min，选用04号刀具执行04号刀补，转进给模式
(MHZ9.5)	麻花钻9.5
G00X0Z10；	粗定位到X0，Z10位置（保持定位间距）
Z0；	精定位到Z0位置
G01Z-10F0.16；	Z向钻孔到-10，进给速度为0.16 mm/r
G00Z0；	Z向退刀到0（目的为冷却钻头）
Z-9；	Z向定位到-9
G01Z-15F0.16；	Z向钻孔到-15，进给速度为0.16 mm/r
G00Z0；	Z向退刀到0（目的为钻头冷却）
Z-14；	Z向定位到-14
G01Z-20F0.16；	Z向钻孔到-20，进给速度为0.16 mm/r
G00Z0；	Z向退刀到0（目的为钻头冷却）
Z-19；	Z向定位到-19
G01Z-30F0.15；	Z向钻孔到-30，进给速度为0.16 mm/r
G00Z10；	Z向退刀到10
G00X50Z50S2800；	退刀，X向定位到φ50，Z向定位到50

续表二

程　序	说　明
N0040 M3S2800T0303G99；	主轴正转，2800 r/min，选用 03 号刀具执行 03 号刀补，转进给模式
（VNMG0160404HQ）	刀片选用 35°菱形精车刀，刀尖圆弧 R0.4
G00X15Z0；	定位到 φ15，Z0
G01X8.6F0.13；	X 向切削到 φ8.6，进给速度为 0.13 mm/r
X11.4，R1.4F0.12；	X 向切削到 φ11.4，倒圆角，圆弧半径为 1.4，进给速度为 0.12 mm/r
X13.25Z−6.38F0.12；	X 向切削到 φ11.4，Z 向切削到−6.38，进给速度为 0.12 mm/r
Z−11.56，R0.5F0.08；	Z 向切削到−11.56，倒圆角，圆弧半径为 0.5
X12.7A47F0.1；	X 向切削到 φ12.7，走 A 角 47°，进给速度为 0.1 mm/r
M98P3328L5；	调用子程序，子程序号 3328，循环 5 次
G01X13.25W−2.3F0.1；	X 向切削到 φ13.25，Z 向偏移−2.3，进给速度为 0.1 mm/r
Z−32F0.12；	Z 向切削到−32
X16.95，R0.7F0.12；	X 向切削到 φ16.95，倒圆角，圆弧半径为 0.7，进给速度为 0.12 mm/r
Z−35.2F0.14；	Z 向切削到−35.2，进给速度为 0.12 mm/r
U−0.6Z−37F0.12；	X 向偏移−0.6，Z 向切削到−37，进给速度为 0.12 mm/r
G01X16.95，C0.4F0.12；	X 向切削到 φ16.95，倒 C 角 0.4，进给速度为 0.12 mm/r
Z−49.5F0.18M8；	Z 向切削到−49.5，进给速度为 0.12 mm/r，冷却液关闭
X19.85，R0.85F0.12；	X 向切削到 φ19.85，倒圆角，圆弧半径为 0.85，进给速度为 0.12 mm/r
U0.18W−0.8F0.12；	X 向偏移 0.18，Z 向偏移−0.8，进给速度为 0.12 mm/r
G00X120Z140S2400；	退刀定位 X120Z140 位置，转速降低到 2400 r/min
N0055M3S2400T0606；	主轴正转，转速为 2400 r/min，选用 06 号刀具执行 06 号刀补，转进给模式
（16VER0.7）	刀尖圆弧 R0.7 的圆弧刀具
G00X19Z−39.5；	直径定位到 19，Z 向定位到−39.5
G01X17.5F0.2；	X 向切削到 φ17.5，进给速度为 0.2 mm/r
G01X15.5F0.08；	X 向切削到 φ15.5，进给速度为 0.08 mm/r
U0.2F0.1；	X 向偏移 0.2，进给速度为 0.1 mm/r
G01X14.8F0.08；	X 向切削到 φ14.8，进给速度为 0.08 mm/r
G01X18F0.1；	X 向退到 φ18，进给速度为 0.1 mm/r
G00X120Z140S2400；	退刀，X 向定位到 φ120，Z 向定位到 140
N0060 M3S2400T0707G99；	主轴正转，转速为 2400 r/min，选用 07 号刀具执行 07 号刀补，转进给模式
（16VER2.5）	2.5 mm 宽槽刀
G00X19Z−37.1；	定位到 φ19，Z 向定位到−37.1
G001X17.5F0.2；	X 向切削到 φ17.5，进给速度为 0.2 mm/r

续表三

程　序	说　明
G001X15.5F0.06；	X向切削到φ15.5，进给速度为 0.06 mm/r
U0.2F0.2；	X向偏移 0.2，进给速度为 0.2 mm/r
X14.5F0.06；	X向切削 φ 直径 14.5，进给速度为 0.06 mm/r
X17.2F0.12；	X向退刀到φ17.2，进给速度为 0.12 mm/r
W0.60F0.5；	Z向偏移 0.6，进给速度为 0.5 mm/r
G001U - 0.8W - 0.4F0.06；	X向偏移 - 0.8，Z向偏移 - 0.4，进给速度为 0.06 mm/r
G001X14.48A84.5F0.08；	X向切削到φ14.48，走角度 84.5°，进给速度为 0.08 mm/r
Z - 37.1F0.1；	Z向切削到 - 37.1，进给速度为 0.1 mm/r
G001X18F0.1；	X向切削到φ18，进给速度为 0.1 mm/r
G00X120Z140S1800；	退刀，X向定位到φ120，Z向定位到 140，转速降到 1800 r/min
N0080 M3S1800T0808G99；	主轴正转，转速为 1800 r/min，选用 08 号刀具执行 08 号刀补，转进给模式
(S07 - CCMT060204)	刀具先用 7 mm 镗孔刀，刀尖圆弧选用 R0.4
G00X11.1Z10；	定位，X向到φ11.1，Z向定位到 10
Z1；	Z向定位到 1
G01Z0.02F0.25；	Z向切削到 0.02，进给速度为 0.25 mm/r
G01X9.5, R0.8F0.13；	X切削到φ9.5，圆弧倒角半径 0.8，进给速度为 0.13 mm/r
G01U - 0.4W - 1F0.15；	X向偏移 - 0.14，Z向偏移 - 1，进给速度为 0.15 mm/r
G00Z10M5；	退刀，Z向定位到 10，主轴停止
X150Z120；	退刀 X向到φ150，Z向定位到 120
M32；	计数
M30；	程序结束，返回到程序开头
子程序	
O3328；	子程序号 3328
G01X13.25W - 2.2135F0.1；	X向切削到φ13.25，Z向偏移 - 2.2135，进给速度为 0.1 mm/r
G01W - 0.73, R0.5F0.1；	Z向偏移 - 0.73，圆弧倒角半径 0.5，进给速度为 0.1 mm/r
G01X12.7A47F0.1；	X向切削到φ12.7，倾斜角度 47°，进给速度为 0.1 mm/r
M99；	子程序结束

6. 加工实施

步骤：对刀→程序输入→程序校验与零件空运行→零件自动加工。

课后思考

1. 如何使用 G01 指令完成倒角和倒圆功能？

2. 如何使用调用子程序指令?

任务二　液压管接头外锥密封面编程与加工

任务描述与引出

液压管接头外锥是液压管零件最难加工的类型之一,是此类零件编程和加工的重难点。常见的 S204 系列外锥形状结构如图 4-2-1 所示。该部分如何编程与加工呢?

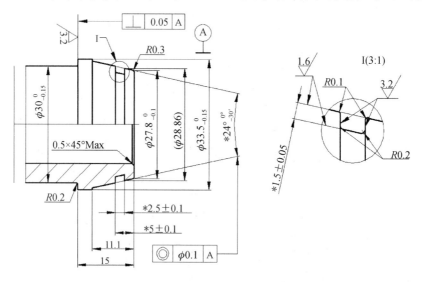

图 4-2-1　S204 系列外锥形状结构图

任务要求

(1) 熟悉液压管接头外锥部位的加工工艺。

(2) 掌握液压管接头外锥部位斜槽底部倒小圆弧的程序编制。

任务思考

(1) 液压管接头外锥部位如何加工比较合理?

(2) 加工液压管接头外锥部位时如何保证同轴度?

基本知识

一、孔加工工艺

孔加工的关键是解决孔加工刀具的刚性和排屑问题。其加工工艺步骤如下：

（1）先打中心孔。

（2）用小于工件内孔直径的钻头钻孔。采用钻→退→钻→退→钻的方式进行钻孔，这样便于退屑。

（3）镗孔加工。

二、数控指令

1. 倒角功能指令——G01

G01 指令格式如下：

G01 Z_A_F_；

其中，A 为任意角度，在该格式中为负值。

2. 计数指令——M32

在大森数控系统中，M32 表示计数功能。

技能实训

1. 象形图

S204 系列外锥结构象形图如图 4-2-2 所示。

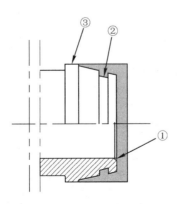

图 4-2-2 S204 系列外锥结构象形图

2. 选用刀具

制定刀具卡片如表 4-2-1 所示。

表 4-2-1　数控加工刀具卡

刀位号	工步	工步名称	刀片型号	备　注
1	1	粗车	DNMG0150408 - AC830	
3	3	精车	VNGM160404N - HQT6020	
4	4	切斜槽	FC32R240 - 24°	
7	6	车孔毛刺	CCMT09T304 - PS/N530	

3. 编程注意事项

待加工的毛坯余量要求如下：

① 08 系列以下为直芯平断面（其他为由上往下推）；08 系列以上使用镗孔刀除铁圈；镗孔刀具大小的选用以内孔为参考尺寸（注意使用定心钻时可增加镗孔刀寿命）。

② 槽刀与外圆平行度要求（S2300 - S2700，F0.1 - F0.06）。

③ 粗车刀注意消除铁圈（由里往外拉）。

4. 走刀路线图

走刀路线是：粗车刀→定心→钻孔→精车刀→斜槽刀→镗孔刀，各工步刀具路线分别如图 4-2-3～图 4-2-8 所示。

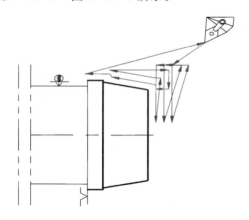

图 4-2-3　粗车刀路线轨迹图

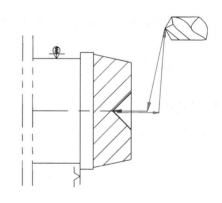

图 4-2-4　定心路线轨迹图

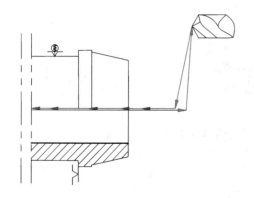

图 4-2-5　钻孔路线轨迹图

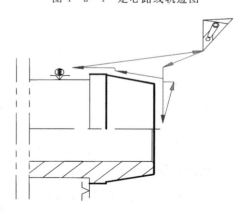

图 4-2-6　精车刀路线轨迹图

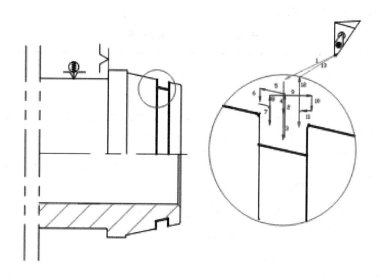

图 4 - 2 - 7　斜槽刀路线轨迹图

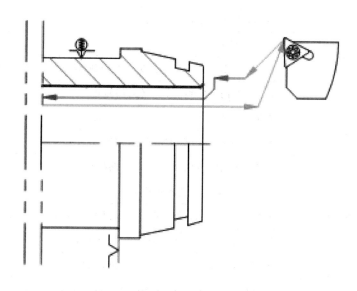

图 4 - 2 - 8　镗孔刀路线轨迹图

5．编写加工程序

参考程序如表4－2－2所示。

表4－2－2   参考程序

程　　序	说　　明
O2041；	程序2041
N0010 G52G99M8；	程序段号，第1工步，为了方便此处作为工步号理解，选定设备坐标系（系统不同代码不同），打开切削液
M3S2400T0101 G99；	主轴正转，转速为2400 r/min，选用01号刀具执行01号刀补，转进给模式
(20411－36－16TX－B)	产品图号，备注要加圆括号（）
(D36.5)	毛坯材料外圆直径
(WNMG0080408)	刀具型号
G00X32Z5；	快速定位，X定位到φ32，Z向定位到5
G01Z0.1F0.15；	X向定位到0.1，进给速度为0.15 mm/r
Z－11A－12F0.22；	Z向切削到－11，角度为－12°，进给速度为0.22 mm/r
G00U0.5Z1.0；	退刀，X向偏移0.5，Z向定位到1.0
X32.5；	X定位到φ32.5
G01X－1F0.18；	X向切削到－1(实际上刀尖只切削到X0.6（－1＋1.6))
G00X32.5W0.5；	退刀，X向定位到32.5，Z向偏移0.5
Z0.1；	Z向定位到0.1
G01X15F0.18；	X向切削到15，进给速度为0.18 mm/r
G00X28.1W0.5；	退刀，X向定位到φ28.1，Z向偏移0.5
G01Z0.1F0.2；	Z向定位到0.1，进给速度为0.2 mm/r
G01Z－11A－12F0.22；	Z向切削到－11，角度为－12°，进给速度为0.22 mm/r
X34F0.2；	X向切削到34，进给速度为0.22 mm/r
G00X120Z140S1000；	退刀，X向定位到120，Z向定位到140，转速为1000 r/min
N0020 M3S1000T0202；	程序段号，第2工步；主轴正转，转速为1000 r/min，刀具选用2号刀，执行2号刀补
(DXZ)	定心钻
G00X0Z10；	X向定位到0，Z向定位到10
Z3；	Z向定位到3
G01Z－4F0.17；	Z向切削到－4，进给速度为0.17 mm/r

续表一

程　序	说　明
G00Z10；	Z 向退刀到 10
G00X50Z120；	退刀，X 向定位到 50，Z 向定位到 120
N0030 M3S650T0404；	程序段号，第 3 工步；主轴正转，转速为 650 r/min，选 4 号刀具，执行 4 号刀补
(MHZ19.2)	刀具选用麻花钻
G00X0Z10；	X 向定位到 0，Z 向定位到 10
Z0；	Z 向定位到 0
G01Z－10F0.2；	Z 向切削到－10，进给速度为 0.2 mm/r
G00Z0；	Z 向退刀到 0（目的是钻头冷却）
Z－9；	Z 向定位到－9
G01Z－15F0.2；	Z 向切削到－15，进给速度为 0.2 mm/r
W0.2；	Z 向退刀偏移 0.2（目的是断铁屑）
G01Z－20F0.2；	Z 向切削到－20，进给速度为 0.2 mm/r
G00Z0；	Z 向退刀到 0
Z－19；	Z 向定位到－19
G01Z－25F0.2；	Z 向切削到－25，进给速度为 0.2 mm/r
G00Z0；	Z 向退刀到 0
Z－24；	Z 向定位到－24
G01Z－30F0.18；	Z 向切削到－30，进给速度为 0.18 mm/r
G00Z0；	Z 向退刀到 0
Z－29；	Z 向定位到－29
G01Z－35F0.18；	Z 向切削到－35，进给速度为 0.18 mm/r
G00Z0；	Z 向退刀到 0
Z－34；	Z 向定位到－34
G01Z－40F0.18；	Z 向切削到－40，进给速度为 0.18 mm/r
G00Z0；	Z 向退刀到 0
Z－39；	Z 向定位到－39
G01Z－45F0.18；	Z 向切削到－45，进给速度为 0.18 mm/r
G00Z10；	Z 向退刀到 10
X50Z80S2800；	X 向退刀到 50，Z 向退刀到 80，转速提升到 2800 r/min
N0040 M3S2800T0303；	程序段号，第 4 工步；主轴正转，转速为 2800 r/min，选 3 号刀具，执行 3 号刀补

程　序	说　明
（VNMG0160404）	精车刀具选用 35°刀具，刀尖圆弧 $R0.4$
G00X30Z0；	X 向定位到 $\phi30$，Z 向定位到 0
G01X16F0.12；	X 向切削到 16，进给速度为 0.12 mm/r
G00X26.1W0.5；	X 向定位到 26.1，Z 向偏移 0.5
G01Z0.02F0.2；	Z 向定位到 0.02，进给速度为 0.12 mm/r
X27.55，R0.7F0.1；	X 向切削到 27.55，倒圆角圆弧半径为 0.7，进给速度为 0.1 mm/r
Z−11.1A−11.9F0.08；	Z 向切削到−11.1，角度 A−11.9，进给速度为 0.08 mm/r
X33.45，R0.6F0.12；	X 向切削到 33.45，倒角圆弧半径为 0.6，进给速度为 0.12 mm/r
U0.1W−0.6F0.12；	X 向偏移 0.1，Z 向偏移−0.6，进给速度为 0.12 mm/r
G00X120Z140S2300；	退刀到 X120，Z140，转速调整到 2300 r/min
N0050 M3S2300T0505；	程序段号，第 5 工步；主轴正转，转速为 2300 r/min，选 5 号刀具，执行 5 号刀补
（FC32R240−24）	刀具选用宽 2.4 mm，倾斜 24°的斜槽刀
G00X4Z−5.0；	X 向定位到坐标 $\phi4$，Z 向定位到−5.0 （对此处编程 X4 特别说明：首先和斜槽刀对刀有关系，以下对斜槽刀对刀步骤做简要说明： （1）斜槽刀左刀尖靠到零件右端面，在对刀的输入界面刀具号所对应的 Z 向坐标值中输入 Z0.0； （2）将刀具移动到 Z−5 的位置，将斜槽刀刀刃与锥面的斜面贴合，在对刀的输入界面刀具号所对应的 X 向坐标值中输入 X0.0； 此种对刀方法是为了减少计算量，降低编程和调试的难度
G01X1F0.3；	X 向定位到 1，距离锥面还有 0.5 的间隙
G01X−1.5F0.07；	X 向切削到−1.5，进给速度为 0.08 mm/r
U0.2F0.2；	X 向偏移 0.2，进给速度为 0.2 mm/r
X−3.0F0.07；	X 向切削到−3.0，进给速度为 0.07 mm/r，此时的斜槽深度为 1.5 mm
X0.6F0.1；	X 向退刀到 0.6，进给速度为 0.1 mm/r
W−0.55F0.2；	Z 向偏移 0.55，进给速度为 0.2 mm/r
X0.38F0.12；	X 向定位到 0.38，进给速度为 0.12 mm/r
W0.55，R0.55F0.06；	Z 向偏移 0.55，圆弧半径为 0.55，进给速度为 0.06 mm/r
U−0.8F0.07；	X 向偏移−0.8，进给速度为 0.07 mm/r
X0.5F0.1；	X 向退刀到 0.5，进给速度为 0.07 mm/r
W0.60；	Z 向偏移 0.6

续表一

程　序	说　明
X−0.03；	X 向切削到−0.03
W−0.50，R0.5F0.06；	Z 向偏移−0.5，圆弧倒角半径为 0.5，进给速度为 0.06 mm/r
X−3.042F0.06；	X 向切削到−3.042，进给速度为 0.06 mm/r
X0.5F0.15；；	X 向退刀到 0.5，进给速度为 0.15 mm/r
G00X2；	X 向退刀到 2
G00X100Z140S1600；	退刀到 X100，Z140，转速调整到 1600 r/min
N0060 M3S1600T0606；	程序段号，第 3 工步；主轴正转，转速为 650 r/min，选 4 号刀具，执行 4 号刀补
(S16Q−STFPR11B)	刀杆为 16 mm 的镗孔刀
G00X21.9Z10；	X 向定位到 21.9，Z 向定位到 10
Z1；	Z 向定位到 1
G01Z0.02F0.2；	Z 向精定位到 0.02
X19.9，R0.9F0.1；	X 向切削到 19.9，倒圆角圆弧半径 0.9，进给速度为 0.15 mm/r
Z−30F0.15；	Z 向切削到−30，进给速度为 0.15 mm/r
U−0.5W−1.5F0.14；	X 向偏移−0.5，Z 向偏移−1.5，进给速度为 0.14 mm/r
G00Z5M5；	Z 向退刀到 5，主轴停止旋转
X150Z120M9；	X 向退刀到 150，Z 向退刀到 120，冷却液关闭
M32；	计数
M30；	程序结束，返回到程序开头

课后思考

1. 如何使该液压管接头外锥部位的加工程序更加优化？

2. 在走刀线路方面是否有其他更合理的线路？

任务三　液压管接头法兰密封面编程与加工

任务描述与引出

　　液压管接头法兰密封面是液压管零件最难加工的类型之一，是此类零件编程和加工的重难点。常见的 S87 系列液压盖形状结构如图 4−3−1 所示。该部分如何编程与加工呢？

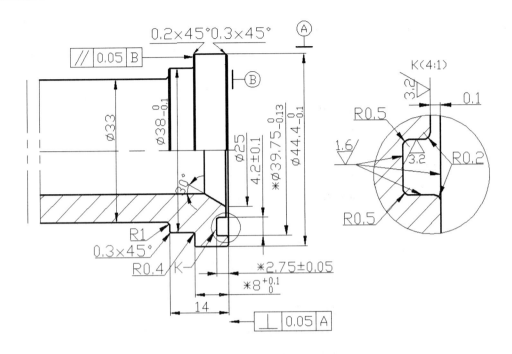

图 4 - 3 - 1　S87 系列液压盖形状结构图

任务要求

(1) 掌握液压管接头法兰密封面零件的加工工艺。

(2) 熟悉并逐渐掌握端面槽零件的程序编制和加工。

任务思考

(1) 端面槽中倒圆角的程序如何编制?

(2) 端面槽刀使用时该注意什么?

基本知识

端面槽刀形状如图 4 - 3 - 2 所示。端面槽刀主要用于加工圆柱端面部位的沟槽,要求其表面光滑,具有良好的表面粗糙度。

端面槽刀在结构上相当于外圆车刀和内孔车刀的组合,其中左侧刀尖相当于内孔车刀,右侧刀尖相当于外圆车刀。车刀左侧副后刀面必须根据平面槽圆弧的大小刃磨成相应的圆弧形(小于内孔一侧的圆弧),并带有一定的主后角,如图 4 - 3 - 3 所示,否则车刀会与端面槽孔壁产生干涉而无法车削。

图 4 - 3 - 2　端面槽刀

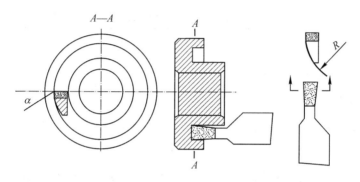

图 4 - 3 - 3　端面槽刀车削示意图

技能实训

1. 象形图

液压管接头法兰密封面 S87 系列液压盖结构象形图如图 4 - 3 - 4 所示。

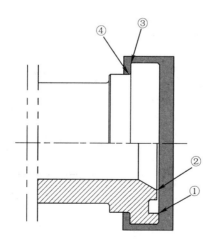

图 4 - 3 - 4　S87 系列液压盖结构象形图

2. 选用刀具

制定刀具卡片如表 4 - 3 - 1 所示。

表 4 - 3 - 1　数控加工刀具卡

刀位号	工步	工步名称	刀片型号	备注
1	1	粗车	DNMG0150408 - AC830	
2	2	粗车槽端面槽	手磨刀	
3	3	精车	VNGM160404N - HQT6020	
4	4	精车槽端面槽	FC32L300 - 3.0	
5	5	反切刀	MGMN300 - M	
7	6	车内锥	CCMT09T304 - PS/N530	
3	7	精车端面	VNGM160404N - HQT6020	

3. 编程注意事项

待加工的毛坯余量要求如下：

① 手摸开粗槽刀刀具为

a. 加工 1 刀并且开槽好不缠削，啄式切削（注意寿命）（S1000 - S1300，F0.11 - F0.08）；

b. 精车检查刀具使用情况（注意压盖槽底的 R 标注）。

② 镗孔刀具大小的选用以内孔为参考尺寸（注意使用定心钻时可增加镗孔刀寿命）。

③ 粗车刀注意消除铁圈（由里往外拉）。

④ 反插（注意会出现铁圈）。

4. 走刀路线图

走刀路线是：粗车刀→钻孔→精车刀→粗压盖刀→反切刀→精压盖刀→镗孔刀→镗内锥→精车端面，各工步刀具路线分别如图 4 - 3 - 5～图 4 - 3 - 13 所示。

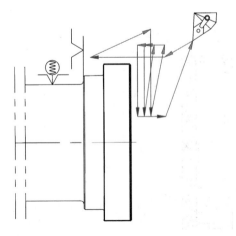

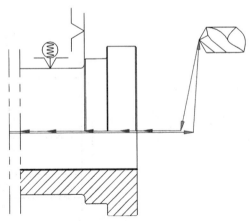

图 4 - 3 - 5　粗车刀具路线轨迹图　　　　图 4 - 3 - 6　钻孔刀具路线轨迹图

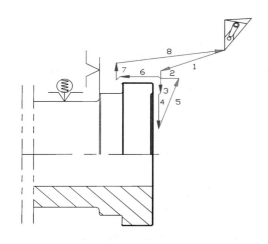

图 4 - 3 - 7　精车刀具路线轨迹图

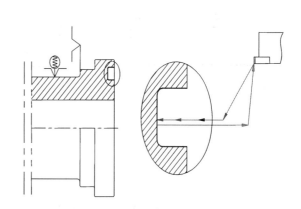

图 4 - 3 - 8　粗压盖刀具路线轨迹图

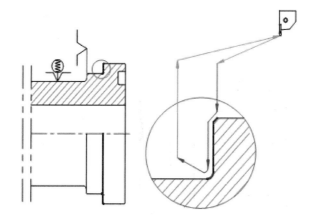

图 4 - 3 - 9　反切刀路线轨迹图

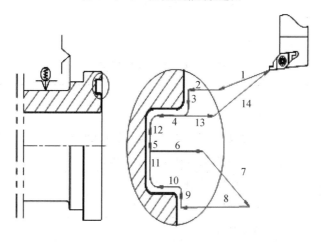

图 4 - 3 - 10　精压盖刀具路线轨迹图

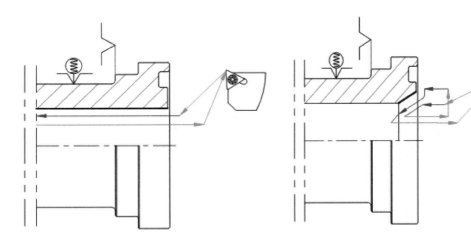

图 4 - 3 - 11　镗孔刀具路线轨迹图　　　　　图 4 - 3 - 12　镗内锥路线轨迹图

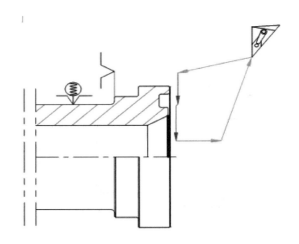

图 4 - 3 - 13　精车端面路线轨迹图

5. 编写加工程序

参考程序如表 4 - 3 - 2 所示。

表 4 - 3 - 2　参考程序

程　序	说　明
O8731；	程序号 8731
N0010G52M8；	程序段号，第 1 工步；为了方便此处作为工步号理解，选定设备坐标系（系统不同代码不同），打开切削液
(87311 - 16 - 16X - B)	产品图号，备注要加 ( )
(WNMG0080408)	刀具型号
(SJ110)	程序时间 110 s
M3S2300T010G99；	主轴正转，转速为 2400 r/min，选用 01 号刀具执行 01 号刀补，转进给模式

续表一

程　　　序	说　　　明
G00X45Z5；	X 向定位到 45，Z 向定位到 5
G01Z－7F0.22；	Z 向切削到－7
G01X48F0.5；	X 向定位到 48，进给速度为 0.5 mm/r
G01Z－9F0.5；	Z 向定位到－9，进给速度为 0.5 mm/r
G01X45F0.2；	X 向定位到 45，进给速度为 0.2 mm/r
G01Z1.1F0.2；	Z 向切削到 1.1，进给速度为 0.2 mm/r
G01X15F0.18；	X 向定位到 15，进给速度为 0.18 mm/r
G00X46W0.5；	快速定位，X 向定位到 46，Z 向偏移 0.5
Z0.1；	Z 向定位到 0.1
G01X15F0.18；	X 向切削到 15，进给速度为 0.18 mm/r
G00W2；	Z 向退刀偏移 2
G00X120Z140S1300；	X 向退刀到 120，Z 向退刀到 140，转速为 1300 r/min
N0020 M3S1300T0202；	第 2 工步；主轴正转，转速为 1300 r/min，选用 02 号刀具执行 02 号刀补
(SMD)	端面槽粗车刀
G00X39.6Z10；	X 向定位到 39.6，Z 向定位到 10
Z3；	Z 向定位到 3
G01Z－1.4F0.06；	Z 向切削到－1.4，进给速度为 0.06 mm/r
W0.2F0.2；	Z 向偏移 0.2(断屑)
G01Z－2.7F0.06；	Z 向切削到－2.7，进给速度为 0.06 mm/r
Z1F0.2；	Z 向切削到 1，进给速度为 0.2 mm/r
G00Z2；	Z 向退刀到 2
G00X100Z120S1000；	退刀到 X100Z120，转速变为 1000 r/min
N0030 M3S1000T0404；	第 3 工步；主轴正转，转速为 1000 r/min，选用 04 号刀具执行 04 号刀补
(DXZ)	定心钻
G00X0Z10；	X 向定位到 0，Z 向定位到 10
Z3；	Z 向定位到 3
G01Z－4F0.14；	定心深度－4
G00Z10；	Z 向退刀到 10
G00X50Z120；	X 向退刀到 50，Z 向退刀到 120
N0040 M3S700T0606；	第 4 工步；主轴正转，转速为 700 r/min，选用 06 号刀具执行 06 号刀补
(MHZ19.2)	刀具选用麻花钻直径为 19.2 mm
G00X0Z10；	X 向定位到 0，Z 向定位到 10
Z0；	Z 向定位到 0

程　序	说　明
G01Z－10F0.2；	Z向钻孔深度－10，进给速度为0.2 mm/r
G00Z0；	Z向退刀到0(目的是冷却、断铁屑)
Z－9；	Z向定位到－9
G01Z－15F0.2；	Z向钻孔深度－15，进给速度为0.2 mm/r
W0.2；	Z向退刀偏移0.2(目的是断铁屑)
G01Z－20F0.2；	Z向切削深度－20，进给速度为0.2 mm/r
G00Z0；	Z向退刀到0(目的是冷却、断铁屑)
Z－19；	Z向定位到－19
G01Z－25F0.2；	Z向切削深度为－25，进给速度为0.2 mm/r
G00W0.2；	Z向退刀偏移0.2(目的断铁屑)
G01Z－30F0.18；	Z向切削深度为－30，进给速度为0.18 mm/r
G00Z0；	Z向退刀到0(目的是冷却、断铁屑)
Z－29；	Z向定位到－29
G01Z－35F0.18；	Z向切削深度－35，进给速度为0.18 mm/r
G00Z0；	Z向退刀到0(目的是冷却、断铁屑)
Z－34；	Z向定位到－34
G01Z－40F0.18；	Z向切削深度为－40，进给速度为0.18 mm/r
G00Z0；	Z向退刀到0(目的为冷却、断铁屑)
Z－39；	Z向定位到－39
G01Z－45F0.17；	Z向切削深度为－45，进给速度为0.17 mm/r
G00Z0；	Z向退刀到0(目的是冷却、断铁屑)
Z－44；	Z向定位到－44
G01Z－50F0.17；	Z向切削深度为－50，进给速度为0.17 mm/r
G00Z10；	Z向退刀到10
X50Z80S2600；	退刀定位到X50Z80，主轴转速调为2600 r/min
N0050M3S2600T0303；	第5工步；主轴正转，转速为2600 r/min，选用03号刀具执行03号刀补
(VNMG0160404HQ)	刀具选用35°，刀尖圆弧半径R0.4
G00X47Z0.02；	X向定位到47，Z向定位到0.02(留给最后一刀平面)
G01X36F0.10；	X向切削到36，进给速度为0.1 mm/r
U－2W－0.08F0.12；	X向切削偏移－2，Z向切削偏移－0.08，进给速度为0.12 mm/r
X18F0.10；	X向切削到18，进给速度为0.1 mm/r
G00X42.55W0.5；	X向退刀到42.55，Z向偏移0.5
G01Z0.02F0.3；	Z向定位到0.02，进给速度为0.3 mm/r
G01X44.35，R0.9F0.10；	X向切削到44.35，倒圆角圆弧半径0.9，进给速度为0.12 mm/r
Z－8.71F0.12；	Z向切削到－8.71，进给速度为0.12 mm/r

续表三

程　序	说　明
U－0.8W－0.4F0.12；	X向切削偏移－0.8，Z向切削偏移－0.4，(倒角)进给速度为0.12 mm/r
G00U2；	X向退刀偏移2
G00X120Z140S2300；	退刀定位到X120Z140，转速调整为2300 r/min
N0060 M3S2300T0505；	第6工步；主轴正转，转速为2300 r/min，选用05号刀具执行05号刀补
(FC32R220－300)	端面槽刀选用刀宽为2.2 mm，长度为3 mm
G00X40.75Z10；	X向定位到40.75，Z向定位到10
Z1；	Z向定位到1
G01Z0.03F0.15；	Z向精定位到0.03，进给速度为0.12 mm/r
X39.75，R0.35F0.06；	X向切削到39.75，倒圆角圆弧半径0.35，进给速度为0.06 mm/r
Z－2.73，R0.3F0.06；	Z向切削到－2.73，倒圆角圆弧半径0.3，进给速度为0.06 mm/r
U－0.6F0.04；	X向切削偏移－0.6，进给速度为0.04 mm/r
G01Z1F0.2；	Z向退刀到1，进给速度为0.2 mm/r
G00Z50U－4.7；	X向定位偏移－4.7，Z向定位到50(为了确保铁屑不缠绕在刀尖上)
G00Z1；	Z向定位到1
G01Z－0.05F0.2；	Z向定位到－0.05，进给速度为0.2 mm/r
G01U1.2，R0.35F0.05；	X向切削偏移1.2，圆弧倒角半径0.35，进给速度为0.05 mm/r
G01Z－2.77，R0.3F0.06；	Z向切削到－2.77，倒圆角圆弧半径0.3，进给速度为0.06 mm/r
G01X39.75，R0.3F0.06；	X向切削到39.75，倒圆角圆弧半径0.3，进给速度为0.06 mm/r
G01Z0.5F0.1；	Z向退刀到0.5，进给速度为0.1 mm/r
G00Z2；	Z向退刀到2
G00X120Z140S2000；	退刀到X120Z140，转速调整为2000 r/min
N0070 M3S2000T0707；	第7工步；主轴正转，转速为2000 r/min，选用07号刀具执行07号刀补
(MGMN300－M－R0.4)	槽刀选用刀宽3 mm，刀尖圆弧半径0.4的刀具
G00X44.37Z5；	X向定位到44.37，Z向定位到5
G01Z－7.6F1；	Z向定位到－7.6，进给速度为1 mm/r
G01U－0.8W－0.4F0.1；	X向切削偏移－0.8，Z向切削偏移－0.4，进给速度为0.1 mm/r
G01X38，R0.2F0.08；	X向切削到38，倒圆角圆弧半径0.2，进给速度为0.08 mm/r
G01U0.2W－3F0.1；	X向切削偏移0.2，Z向切削偏移－3，进给速度为0.1 mm/r
G00X46.6；	X向退刀到46.6
G00X120Z140S1800；	退刀到X120Z140，转速调整为1800 r/min
N0080 M3S1800T0808；	第8工步；主轴正转，转速为1800 r/min，选用08号刀具执行08号刀补
(S16－TPMT110304HQ)	镗孔刀选用直径16的刀杆，刀片刀尖圆弧半径0.4
G00X19.9Z10；	X向定位到19.9，Z向定位到10
Z1；	Z向定位到1

续表四

程　序	说　明
G01Z－40F0.20；	Z 向切削到－40，进给速度为 0.2 mm/r
U－0.3W－1F0.20；	X 向切削偏移－0.3，Z 向切削偏移－1，进给速度为 0.2 mm/r
G00Z10；	Z 向退刀到 10
G00X23Z1；	X 向定位到 23，Z 向定位到 1
G01Z－0.05F0.25；	Z 向定位到－0.05，进给速度为 0.25 mm/r
X19.9A30F0.12；	X 向切削到 19.9，切削角度 30°，进给速度为 0.12 mm/r
G00Z50S2200；	Z 向退刀到 50，转速调整为 2200 r/min
X27.8Z1；	X 向定位到 27.8，Z 向定位到 1
G01Z－0.05F0.15；	Z 向定位到－0.05，进给速度为 0.15 mm/r
G01X25.38，R1.4F0.08；	X 向切削到 25.38，倒圆角圆弧半径 1.4，进给速度为 0.12 mm/r
X20.1A30F0.1；	X 向切削到 20.1，切削角度 30°，进给速度为 0.1 mm/r
U－0.3W－0.8F0.12；	X 向切削偏移－0.3，Z 向切削偏移－0.8，进给速度为 0.12 mm/r
G00Z5；	Z 向退刀到 5
G00X150Z120S2800；	退刀到 X150Z120，转速调整为 2800 r/min
N0090 M3S2800T0303；	第 9 工步；主轴正转，转速为 2800 r/min，选用 03 号刀具执行 03 号刀补
（VNMG0160404HQ）	刀具选用 35°，刀尖圆弧半径 R0.4
G00X46Z0；	X 向定位到 X46，Z 向定位到 0
G01X36F0.1；	X 向切削到 36，进给速度为 0.1 mm/r
U－2W－0.08F0.12；	X 向切削偏移－2，Z 向切削偏移－0.08，进给速度为 0.1 mm/r
X20F0.11；	X 向切削到 20，进给速度为 0.1 mm/r
G00W2M5；	Z 向退刀偏移 2，主轴停止旋转
X150Z120M9；	退刀到 X150Z120 冷却液关闭
M32；	零件计数
M30；	程序结束，返回到程序开头

课后思考

1. 端面槽可否使用 G74 指令进行车削？

2. 车削端面槽时进给量为何不能太大？

项目五

零件模拟仿真加工实训

 思政小课堂

　　培养良好的品质和行为习惯对同学们个人的发展终身受益，如做事认真细致、不拖拉、不迟到早退、有爱心、有责任感、怀有感恩之心。在学习和今后的工作中，同学们要热爱生活、热爱国家、热爱民族，更要热爱给予我们这个美好幸福时代的中国共产党。

任务一　熟悉数控车床虚拟仿真软件

任务描述与引出

　　数控车床实训操作或生产加工时，操作人员身处真实的操作环境，面临的是真实的数控机床、金属毛坯、夹具、切削刀具等。此时初学者往往会显得陌生而不知所措。为了保证操作时的绝对安全，操作人员操作数控车床之前进行相关的模拟仿真实训，对于从模拟仿真的环境迅速过渡到真实的操作环境至关重要。

　　常用的数控车床仿真软件及面板环境如何呢？如何进入仿真软件的相关界面呢？

任务要求

　　（1）熟悉常用的数控车床仿真软件及面板环境；

　　（2）掌握数控车床仿真软件的使用操作步骤；

　　（3）掌握数控车床仿真软件面板的各旋钮、按钮、按键的功能。

任务思考

　　（1）仿真软件加工工件的一整套流程有哪些？

　　（2）仿真软件的操作面板与真实机床的面板存在哪些差异？

⑤ 基本知识

一、认识数控车床虚拟仿真软件

数控机床常用的虚拟仿真系统主要能用于零件的模拟仿真加工,检验 NC 程序加工出来的工件形状和尺寸的正确性;能在虚拟环境中完成工件的安装、各种刀具的安装、零件仿真加工、零件的仿真测量等。常用的仿真软件主要有宇龙、斯沃等,每种仿真软件可选择不同的机床种类,每种不同的机床种类又可选择不同的数控系统。

二、数控车床仿真软件的操作

数控车床仿真软件所实现的功能大致相同,其进入的操作界面虽然有些按钮、按键和旋钮的位置稍有差异,但各个按钮、按键和旋钮的功能和用法都是相同的。下面以"斯沃数控仿真软件"为例,介绍数控车床虚拟仿真软件的操作过程和步骤。

1. 进入数控车床控制面板

在电脑桌面上找到 图标,并双击进入"斯沃数控仿真软件"界面,如图 5-1-1 所示;选择"FANUC 0iT"数控系统后,点击"运行",然后将进入如图 5-1-2 所示"FANUC 0iT"数控系统仿真软件操作界面;一般在面板右下角选 FANUC 0iT -标准面板,这样,就进入了FANUC 0iT -标准面板的界面。

图 5-1-1　斯沃数控仿真软件界面图

2. 熟悉数控车床控制面板

数控车床仿真软件操作面板是操作人员与数控机床(系统)进行交流的工具与平台,操作人员可以通过它对数控机床进行操作、编程、调试,对机床参数进行设定和修改,还可以通过它了解、查询数控机床(系统)的运行状态。它是数控机床特有的一个输入、输出部件。数控车床操作面板一般由以下几个部分组成:显示装置、NC 键盘、机床操作面板(MCP)和手持单元(有的数控车床是一个独立的手持单元)等。

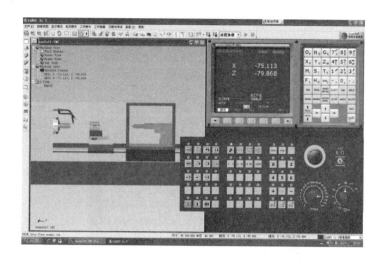

图 5-1-2 "FANUC 0iT"数控系统仿真软件操作界面图

1）显示装置

数控系统通过显示装置为操作人员提供必要的信息，显示的信息可以是正在编辑的程序、正在运行的程序、机床的加工状态、机床坐标轴的指令/实际坐标值、加工轨迹的图形仿真、故障报警信号等。显示装置如图 5-1-3 所示。

图 5-1-3 操作面板显示装置图

2）NC 键盘

NC 键盘包括 MDI 键盘和软键功能键等。MDI 键盘一般具有标准化的字母、数字和符号（有的是通过上档键 SHIFT 实现），主要用于零件程序的编辑、参数输入、MDI 操作及管

理等。NC 键盘上的软键功能键一般用于系统的菜单操作。操作面板 NC 键盘图如图 5-1-4
所示。

图 5-1-4　操作面板 NC 键盘图

3) 机床操作面板(MCP)

数控机床操作面板集中了系统所有的按钮,这些按钮主要用于控制机床的动作或加工
过程,如自动、编辑、手动进给、回原点、启动、暂停、进给速度的调整等。机床操作面板
(MCP)图如图 5-1-5 所示。

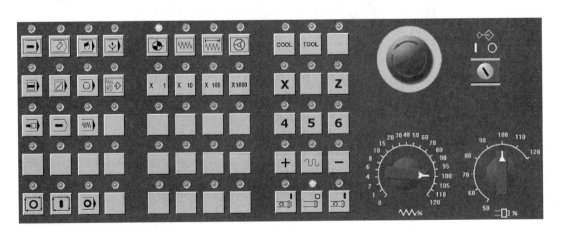

图 5-1-5　机床操作面板(MCP)图

机床操作面板(MCP)各按钮、按键和旋钮的功能与作用如表 5-1-1 所示。

表 5 - 1 - 1　机床操作面板各按钮、按键与旋钮功能及作用表

序号	图标	名　称	功　能　说　明
1		自动(AUTO)按钮	用于机床的自动运行与零件的自动加工
2		编辑(EDIT)按钮	对零件程序的内容进行编辑
3		手动输入方式(MDI)按钮	可进行手动数据的输入
4		文件传输(DNC)按钮	可将电脑自动编程的 NC 程序传输给数控系统中
5		回原点(REF)按钮	完成返回原点的操作
6		手动进给方式(JOG)按钮	可进行手动连续进给的操作
7		手动脉冲方式(INC)按钮	按机床操作面板上的进给轴和方向选择开关，机床在选择的轴上移动一步
8		手轮进给(HNDL)按钮	点击左上角，进入后使用
9		加注切削液按钮	加注切削液
10		换刀按钮	旋转刀架换刀
11		单步按钮	一段程序一段程序执行
12		程序段跳过按钮	点亮后，结合符号"/"使用
13		可选择暂停按钮	
14		手动进给倍率 1 按钮	每转动一小格移动 0.001 mm

序号	图标	名　称	功　能　说　明
15		手动进给倍率 10 按钮	每转动一小格移动 0.01 mm
16		手动进给倍率 100 按钮	每转动一小格移动 0.1 mm
17		手动进给倍率 1000 按钮	每转动一小格移动 1 mm，该功能很少使用，一般屏蔽
18		机床锁住按钮	机床锁住，启动后，移动部件不动
19		循环停止按钮	点击后，循环加工停止，进给保持
20		循环启动按钮	点击后，循环加工启动
21		M00 程序停止按钮	结合程序指令 M00，点亮后才起作用
22		主轴正转按钮	按之，主轴正转
23		主轴停止按钮	按之，主轴停止
24		主轴反转按钮	按之，主轴反转
25		手动进给 X 轴按钮	X 轴方向键
26		手动进给 Z 轴按钮	Z 轴方向键
27		正方向进给按钮	使用前先选 X 轴或 Z 轴
28		负方向进给按钮	使用前先选 X 轴或 Z 轴

续表二

序号	图标	名　称	功　能　说　明
29		快速进给按钮	当没点亮时，结合"JOG"方式，以连续进给的方式进行；当点亮时，以快速移动的方式进行
30		紧急停止旋钮	主要用于紧急状态下的停止，当按下该按钮时，主轴停止转动，移动部件停止
31		程序保护	解除保护状态
32		切削进给速度倍率调整旋钮	进行切削进给速度调整
33		主轴转速倍率调整旋钮	进行主轴转速调整

4) 手持单元

手持单元用于手摇方式增量进给坐标轴，数控车床模拟仿真软件 FANUC 0iT -标准面板的手持单元一般在面板界面左上角处，有一个隐藏按钮，点击后可见一个手轮，如图 5-1-6 所示。

3. 数控车床控制面板的基本操作

1)"回原点"操作

"回原点"操作即返回参考点操作。进入数控车床控制面板界面后，取消报警"ALM"，方法是旋开红色的急停旋钮；并完成"返回原点"操作，方法是在"REF 回原点" 模式点亮的状

图 5-1-6　手轮图

态下，先点击 X ，再点击 Z ，这样运动部件刀架 X 轴、Z 轴均回至"零点"，即完成"回原点"操作。此时可通过如图 5-1-7 所示"现在位置"图，点击下面的"综合"，从机械坐标观察获悉，当前机械坐标 X 轴和 Z 轴均变成了"0.000"，说明"回原点"操作完成。

2) 设置原始转速

当开机后，数控车床是没有转速的，即使在"手动进给方式"模式下启动"主轴正转"，主轴也是以一个很慢的转速在旋转。此时要给系统设定一个原始转速，转速大小可自定，500 r/min 或者 600 r/min 都可以。这样主轴有了原始转速，在"手动"、"手轮"模式下，主轴才能旋转起来，也可进行主轴的正转、停止和反转之间的切换。

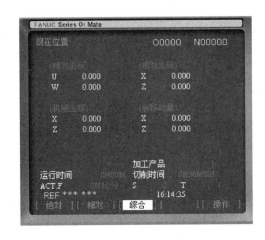

图 5-1-7 "现在位置"图

主轴原始转速设定方法如下：在手动 MDI ![] 模式下，点击"NC 键盘"中的 ![PROG] 键，然后点击"显示装置"中"MDI"下的软键，在"NC 键盘"中的"程式 MDI"输入"M03S600;"，后点击"NC 键盘"中的 ![INSERT] 键插入，再点击循环启动键 ![] ，这样主轴就以正常的转速旋转起来了。主轴有了旋转速度后，便可以进行主轴的正转、停止、反转之间的相互切换了，但主轴正转和反转之间不能直接切换，必须先停止再切换。

3）手动进给与快速移动

在手动进给键 ![] 点亮后，选择方向键 ![X] 键或 ![Z] 键，再点击 ![+] 键或 ![-] 键，这样，刀架朝 X 轴的正向、负向或朝 Z 轴的正向、负向运动，即获得切削进给速度。

如要快速运动，操作同上述过程，但必须同时点亮"快速进给" ![] 键，这样，刀架快速移动，相当于以 G00 的速度在移动，此时不能切削工件。

4. 程序的基本操作

1）新建程序

新建的程序必须是系统中不存在的程序，即程序号不可重名。在"编辑"键 ![] 点亮的模式下，点击"NC 键盘"中的 ![PROG] 键，再点击"显示装置"中"程序"的光标，输入"O1234;"后点击 ![INSERT] 键插入，这样，一个新的程序名为"O1234;"的程序 ![O1234 N010] 就建好了。然后，操作人员就可输入程序的内容并对程序进行相关编辑了。

2）编辑程序

编辑程序内容时，可将系统自带的"N010;"删除，输入所要的内容；要在某一字符后增加新内容时，先用方向键 ➡ 或 ⬅ 选中(点白)某一字符，在下面光标上输入所要的内容，点击插入键 ^{INSERT} 即可。如图 5-1-8 所示程序编辑图(1)中，要在第四行中得到"G00X60.0Z3.0M08;"，选中"Z3.0"，光标上输入"M08"，再点击 ^{INSERT} 键，即得到"G00X60.0Z3.0M08;"，如图 5-1-9 所示。

图 5-1-8 程序编辑图(1)　　　　　　　　图 5-1-9 程序编辑图(2)

删除内容时，点击 ^{DELETE} 键会删除被选中的内容，而点击 ^{CAN} 键会删除下面光标前面的内容。图 5-1-10 所示程序编辑图(3)中，若点击 ^{DELETE} 键，删除的是选中的内容"M08"；若点击 ^{CAN} 键，删除正在输入的内容"G71U2.0R1.0;"中的";"符号；点击 ^{CAN} 键，是一个字符一个字符往前删除光标上正在输入的内容。

图 5-1-10 程序编辑图(3)

内容的替换，先选中所要被替换的内容，然后输入要替换的新内容，再点击替换键 ALTER 即可。图 5-1-11 所示程序编辑图(4)中，要将"G71"替换成"G72"，先选中"G71"，在光标处输入"G72"，再点击 ALTER 键即完成，如图 5-1-12 所示。

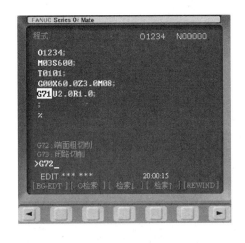
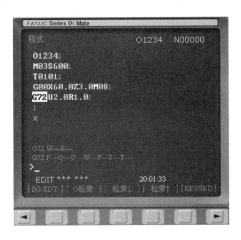

图 5-1-11 程序编辑图(4)　　　　　图 5-1-12 程序编辑图(5)

3) 程序内容的查找

编制程序时，有时需要快速找到所需的内容，方法是在光标上输入要查找的内容，点击"向上移动光标"键 ↑ 或"向下移动光标"键 ↓ 即可。图 5-1-13 所示程序内容查找图(1)中，要快速找到"M03"，在光标上输入"M03"后，点击 ↑ 键，则可快速找到，如图 5-1-14 所示。

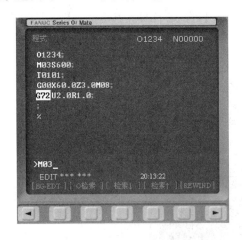

图 5-1-13 程序内容查找图(1)　　　　图 5-1-14 程序内容查找图(2)

4) 程序的调出

在编辑键 ◇ 点亮的模式下，点击 PROG 键，再点击 NC 键盘上"DIR"下面的软键，进入

"程序目录",在下面的光标上输入要调出的程序,再点击 <kbd>INPUT</kbd> 即可。图5-1-15所示程序调出图(1)中,要调出程序名为"O0007"的程序,在"目录程序"中输入"O0007;",点击 <kbd>INPUT</kbd>键即可调出程序名为"O0007"的程序,如图5-1-16所示。

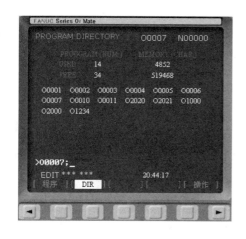

图5-1-15 程序调出图(1)　　　　　　　图5-1-16 程序调出图(2)

5)程序名的删除

要删除操作人员已经建立的某一个程序,在"编辑" <kbd>✎</kbd> 键点亮的模式下,点击 <kbd>PROG</kbd> 键,再点击NC键盘上"DIR"下面的软键,进入"程序目录",在下面的光标上输入需要删除的程序名,再点击 <kbd>DELETE</kbd> 即可删除。图5-1-17所示程序删除图(1)中,要删除程序名为"O1234"的程序,在"程序目录"下面的光标上输入"O1234",点击 <kbd>DELETE</kbd> 键,即删除了程序名为"O1234"的程序。这样,在"程序目录"中,"O1234"的程序名已不复存在,也即系统中不存在程序名为"O1234"的程序了,如图5-1-18所示。

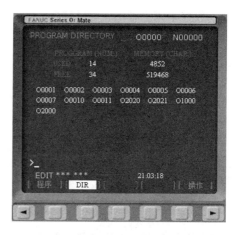

图5-1-17 程序删除图(1)　　　　　　　图5-1-18 程序删除图(2)

技能实训

1. 任务布置

(1) 数控车床虚拟仿真软件的开机和使用；

(2) 数控车床虚拟仿真软件的操作面板各按钮按键的正确使用；

(3) 数控车床虚拟仿真软件程序的新建、编辑、调出、删除等操作。

2. 任务分析

注意问题如下：

(1) "快速进给" 按钮点亮与不点亮使用时有何区别？

(2) 开机后执行"回原点"操作时，如刀架本身就在零点，如何完成"回零"操作？

(3) NC 程序编辑时，按钮 DELETE 与按钮 CAN 操作有何区别？

3. 任务实施

(1) 开机→解除报警→回原点→设定原始转速→各按钮按键的操作→数控车床运动部件运动。

(2) 新建 NC 程序→程序内容输入→程序内容编辑(插入、替换、删除)→程序调出→程序名删除。

课后思考

1. 数控车床虚拟仿真软件开机后需要完成哪些操作？

2. 数控车床虚拟仿真软件机床操作面板常用按钮按键有哪些功能？

3. 数控车床主轴的正、反转能否直接切换？为什么？

任务二   仿真对刀操作

任务描述与引出

数控车床加工时，工件在自动运行加工之前，需要对工件原点进行确定，这样才能保证数控车床加工出正确的工件。在虚拟仿真软件界面的操作面板上如何进行对刀操作呢？

任务要求

(1) 掌握数控车床仿真软件的开机和机床操作面板的的基本操作；

(2) 掌握进入数控车床仿真软件操作界面后刀具的选择和安装；

(3) 掌握进入数控车床仿真软件操作界面后工件毛坯的选择和安装；

(4) 掌握数控车床仿真软件零件的模拟仿真加工及仿真测量。

任务思考

(1) 数控车床仿真软件对刀有何作用？

(2) 数控车床仿真软件操作面板多把刀对刀时要注意什么？

(3) 数控车床仿真软件操作面板对刀后如何验证对刀的正确性？

基本知识

一、对刀的目的

数控车床对刀是一项重要的操作，对刀操作的正确对于保证加工出形状正确的零件，特别是保证零件尺寸的正确具有十分重要的意义。数控车床对刀的目的是确定刀具长度和半径值，从而在加工时确定刀尖在工件坐标系中的准确位置。对刀操作就是建立工件原点，也即建立工件的尺寸基准。当工件的原点建立好后，工件上每个点的坐标便是以"工件原点"为基准。

二、对刀操作步骤

数控车床虚拟仿真加工中，一般采用试切法对刀。真实的数控车床对刀操作的过程和步骤与虚拟仿真对刀的整个过程是相同的。通过试切法对刀，建立工件坐标系，也即建立编程坐标系，工件坐标系原点就是编程坐标系原点。工件坐标系原点一般建立在工件的右端面与主轴回转中心重合处。

现介绍数控车床虚拟仿真软件的对刀过程和步骤。

1. 软件打开并进入环境

打开仿真软件，进入虚拟仿真软件"FANUC 0iT-标准面板"的控制面板界面，如图 5-2-1 机床操作面板图所示。

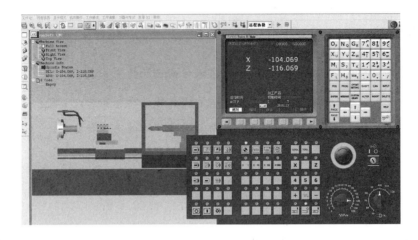

图 5-2-1 机床操作面板图

2. 解除报警

旋开红色的"急停按钮"键。

3. "回原点"操作

在"回原点" 模式下，先点击 X 轴，再点击 Z 轴。

4. 原始速度的设定

在"MDI" 模式下，在"NC 键盘"中输入"M03S600；"点击"INSERT"键，再点击"循环启动"键，让主轴旋转起来。

5. 刀具的设定与安装

如果刀架上没有所需要的刀具，则需要重新选择并安装刀具，方法是在菜单"机床操作"中选择"刀具管理"，如图 5-2-2 选择刀具管理图所示。进入"刀具库管理"，如图 5-2-3 刀具库管理图所示，选中所需要的刀具，往下拖拽，放入下面"机床刀库"的刀号中，后点击"确定"，如图 5-2-4 刀具拖入机床刀库示意图所示。

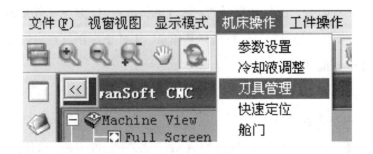

图 5-2-2 选择刀具管理图

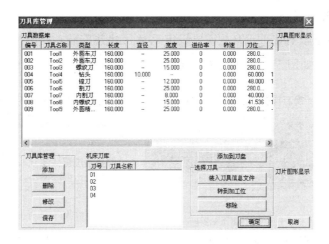

图 5-2-3　刀具库管理图

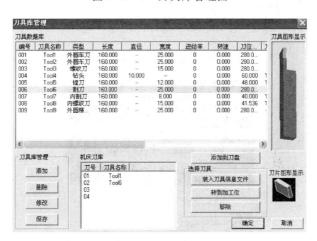

图 5-2-4　刀具拖入机床刀库示意图

　　这样，数控车床刀库即刀架的"1#刀位"和"2#刀位"分别装有"外圆车刀"和"割刀（切槽、切断刀）"，如图 5-2-5 数控车床刀架图所示。

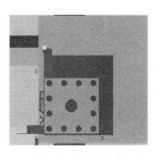

图 5-2-5　数控车床刀架图

6. 工件毛坯的确定

如果主轴卡盘上没有工件毛坯，需要设定毛坯尺寸并安装，方法是在菜单"工件操作"中选择"设置毛坯"，如图5-2-6毛坯设计进入图所示。

图5-2-6　毛坯设计进入图

进入"设置毛坯"界面后，根据是加工外圆还是加工内孔来选择"棒"还是"管"，再根据工件所需的直径、长度来设置毛坯大小，如加工外圆，选择"棒"，设长度为"120"，直径为"50"，点击"确定"，如图5-2-7毛坯尺寸设计图所示。这样，工件毛坯尺寸就设置完毕。

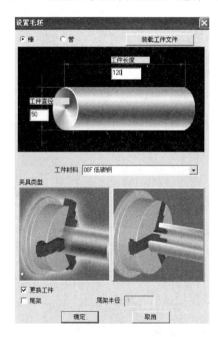

图5-2-7　工件毛坯尺寸设计图

7. 1# 车刀即外圆刀的对刀操作

1) 对工件 X 轴零点

在手动进给键 [图标]点亮或手轮进给键 [图标]点亮模式下，点击主轴正转键 [图标]，让刀具通过"手动进给"方式或"手轮进给"方式逐渐靠近旋转的工件，当刀具与工件的距离比较远时，可结合"快速进给"方式，让刀具尽快靠近工件；当刀具离工件比较近时，为防止刀具撞到工件,取消"快速进给"方式,可改用"手动进给方式",或使用"手轮进给"方式操作,让刀具沿工件−Z轴方向进刀切削,切削一层毛坯外圆。为便于观察,可在"二维显示" 下进行,如图5-2-8刀具试切−Z轴方向进刀示意图所示;然后沿工件+Z轴方向退出来,退出距离以方便测量为宜,如图5-2-9刀具试切+Z轴方向退刀示意图所示。

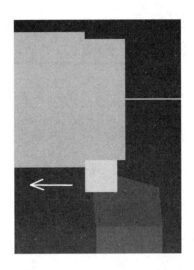

图5-2-8 刀具试切−Z轴方向进刀示意图

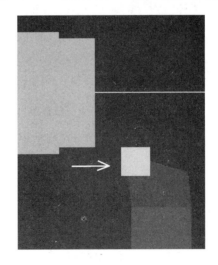

图5-2-9 刀具试切+Z轴方向退刀示意图

然后主轴停止运行,进行直径测量,方法是点击菜单栏"工件测量",选择"特征点"进入,如图5-2-10工件测量进入示意图所示。

进入测量界面后,通过观察获得刚才所车削部位的外圆直径,如刚才车削部位的外圆直径为47.712,如图5-2-11测量获取直径值图所示。

图 5-2-10   工件测量进入示意图

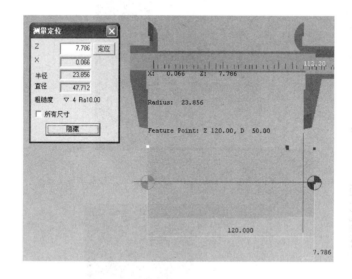

图 5-2-11   测量获取直径值图

获取测量直径值后,点击菜单栏"工件测量"中的"测量退出"后,将该值输入至"刀补"

中,方法是点击"NC 键盘"中的"参数输入" OFFSET SETTING 键,进入显示装置中的"刀具补正",如

图 5-2-12刀具补正图所示。

再点击下方"补正"下的软键,进入"刀具补正/磨耗"界面,如图 5-2-13 所示。再点击

"形状"下的软键,进入"刀具补正/几何"界面,如图 5-2-14 所示。

选中"番号"为"G 001"所对应的"X"栏,在下面光标上输入"X47.712",如图 5-2-15

X 轴方向刀补值输入图所示。点击下面"测量"下方的软键,这样在刚选中"番号"为"G 001"

所对应的"X"栏处的值变为"-260.000",如图 5-2-16 X 轴方向刀补值输入后效图所示。

这样,工件 X 轴方向的工件原点就对好了。

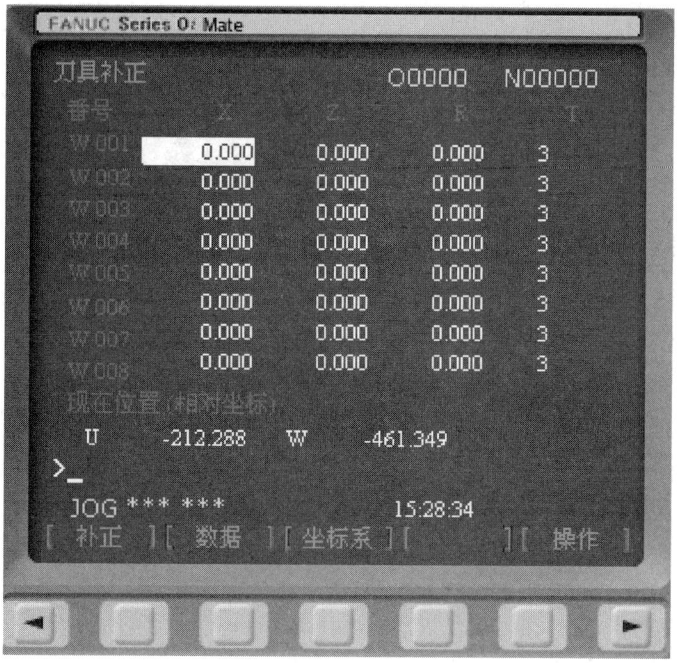

图 5-2-12　刀具补正图

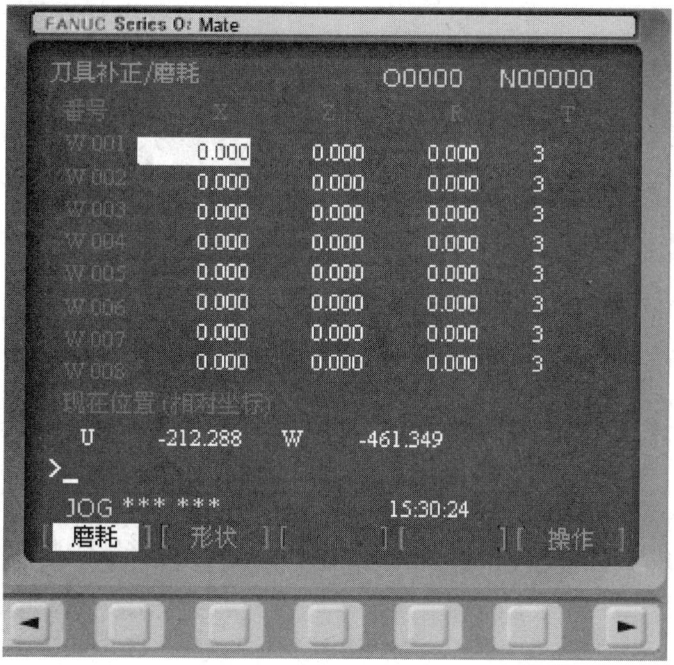

图 5-2-13　刀具补正/磨耗图

图 5 - 2 - 14　刀具补正/几何图

图 5 - 2 - 15　X 轴方向刀补值输入图

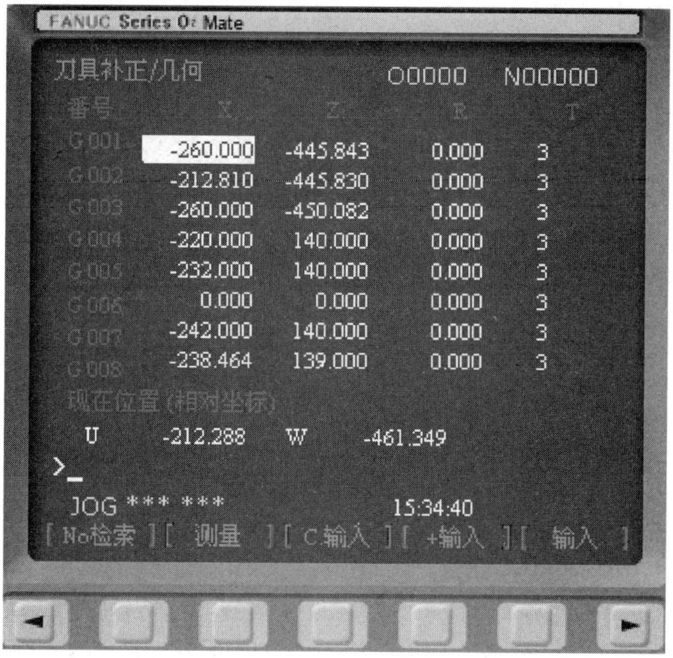

FANUC Series 0ᵢ Mate

刀具补正/几何　　　　　　　O0000　N00000

番号	X	Z	R	T
G 001	-260.000	-445.843	0.000	3
G 002	-212.810	-445.830	0.000	3
G 003	-260.000	-450.082	0.000	3
G 004	-220.000	140.000	0.000	3
G 005	-232.000	140.000	0.000	3
G 006	0.000	0.000	0.000	3
G 007	-242.000	140.000	0.000	3
G 008	-238.464	139.000	0.000	3

现在位置（相对坐标）

U　　-212.288　　　W　　-461.349

>_

JOG *** ***　　　　　　　　15:34:40

[No检索][测量][C输入][+输入][输入]

图 5-2-16　X 轴方向刀补值输入后效图

2）对工件 Z 轴零点

　　主轴正转，刀具沿－X 轴方向移动，采用"手轮进给" 模式，手轮选"Z"轴，倍率选"X10"，使刀具沿－Z 轴方向逐渐靠近毛坯端面并车削，由于毛坯端面是凹凸不平的，沿－X 轴方向车平端面即可，如图 5-2-17 刀具试切－X 轴方向进刀示意图所示；车平端面后，再沿＋X 轴方向退出脱离接触，如图 5-2-18 刀具试切＋X 轴方向退刀示意图所示。

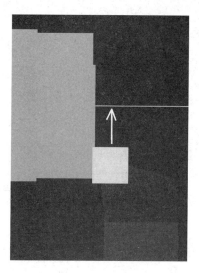

图 5-2-17　刀具试切－X 轴方向进刀示意图

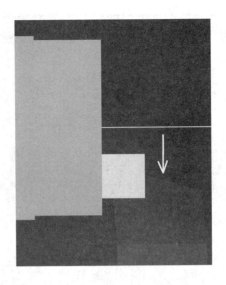

图 5-2-18　刀具试切+X 轴方向退刀示意图

进入"刀具补正/几何"界面，选中"番号"为"G 001"中所对应的"Z"栏，在下面光标上输入"Z0.0"，如图 5-2-19 Z 向刀补值输入图所示；再点击下面"测量"下方对应的软键，这样，"番号"为"G 001"中所对应的"Z"栏处的值变为"-476.003"，如图 5-2-20 Z 向刀补值输入后效图所示。

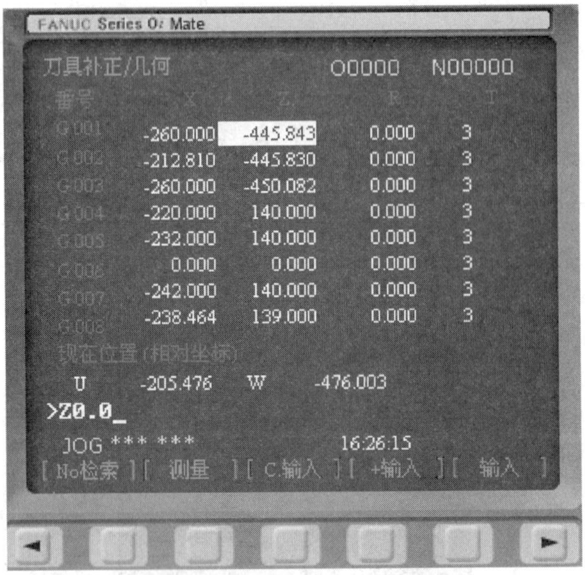

图 5-2-19　Z 向刀补值输入图

这样，工件的 Z 轴零点也对好了。至此，1# 刀外圆车刀的 X 轴和 Z 轴的工件零点对刀完毕。

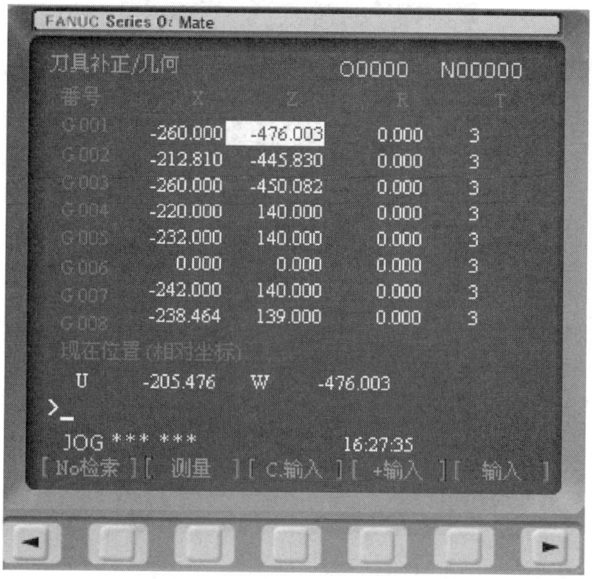

图 5-2-20 Z 向刀补值输入后效图

如何验证 1# 车刀对刀是否正确呢？验证对刀是否正确的方法是：主轴正转，在"MDI"中输入"T0101；G01X50.0Z0.0F0.30；"，如图 5-2-21 对刀验证输入内容图所示，点击"插入" INSERT 键，再点击"循环启动"键  ，这样，刀具正好直线插补至与直径 ϕ50 mm 等高、与工件端面对齐处停止，如图 5-2-22 对刀验证效果示意图所示，说明对刀正确。

图 5-2-21 对刀验证输入内容图

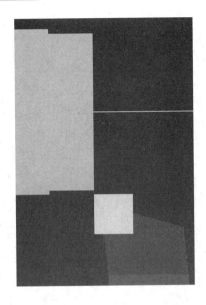

图 5 - 2 - 22　对刀验证效果示意图

8. 2[#]车刀的对刀操作

2[#]刀即割刀，也即切槽或切断刀，点击"换刀"命令键 ，将2[#]刀即割刀转换至当前刀位。2[#]刀对刀过程与对1[#]刀外圆车刀的步骤相同，值得注意之处有两点：一是2[#]刀割刀对Z轴方向零点时，由于一个工件的Z向是同一个零点，所以对2[#]刀Z向时，不能再切除端面了，只能逐渐靠近接触到端面，然后沿＋X轴方向退出后在相关处输入刀补值；二是2[#]车刀对刀输入刀补值时，是在"刀具补正/几何"界面中，在"番号"为"G 002"中对应的"X"栏处、"Z"栏处分别输入所测量的直径值和"Z0.0"。

技能实训

1. 任务布置

（1）对数控车床虚拟仿真软件进行开机操作并完成相关基本操作；

（2）对外圆车刀、割刀进行对刀操作；

（3）试对外螺纹车刀进行对刀操作。

2. 任务分析

注意问题如下：

（1）当第一把车刀对好后，后面所对车刀的Z向不能再切除端面；

（2）螺纹车刀Z向对刀时，以刀尖对准工件端面为准，所以对刀观察时尽量准确；

（3）对刀时进刀和退刀方向不能搞错，如对工件X向时，是沿－Z轴进刀，沿＋Z轴退刀；对Z向时，是沿－X轴进刀，沿＋X轴方向退刀。

3. 任务实施

打开并进入数控车床数控仿真软件"FANUC 0iT－标准面"操作界面→解除报警→回原点→设定原始转速→选择并安装刀具→设计工件尺寸并装夹→刀架运动靠近工件→进行 1# 刀 X 向对刀→停车直径测量→输入 1# 刀 X 向刀补值→1# 刀 Z 向对刀→输入 1# 刀 Z 向刀补值 Z0.0→进行 2# 车刀 X 向、Z 向的对刀→分别输入 2# 车刀 X 向、Z 向的刀补值→进行 3# 车刀 X 向、Z 向的对刀→分别输入 3# 车刀 X 向、Z 向的刀补值。

课后思考

1. 试切法对刀时，对 X 轴方向和对 Z 轴方向进刀和退刀的方向有何不同？

2. 当第一把车刀对好后，后续对刀对 X 轴时可否采用不切削外圆表面再停车测量的方式把车刀 X 轴对好？

3. 当刀具靠近工件对刀时，"手动进给"方式与"手轮进给"方式，哪种控制方式更有利于控制刀架的运动？

任务三　零件模拟仿真加工举例

任务描述与引出

现在要模拟仿真加工如图 5-3-1 所示零件，该如何进行呢？仿真加工操作步骤又如何呢？

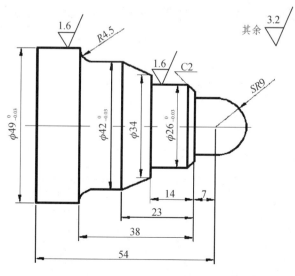

图 5-3-1　零件图

任务要求

(1) 对外圆粗车刀、外圆精车刀和割刀进行对刀操作；

(2) 按零件图要求对零件进行程序编制与模拟仿真加工；

(3) 对仿真加工的零件尺寸进行仿真测量。

任务思考

(1) 对零件进行仿真加工时，包括哪些操作步骤？

(2) 为保证零件仿真加工尺寸的正确，对于有公差的尺寸，如何取编程尺寸？

(3) 仿真加工切断时如何保证零件的总长尺寸？

基本知识

操作步骤如下：

(1) 电脑开机后双击桌面上的"斯沃数控仿真软件"，选择"FANUC 0iT"数控系统，并选择"FANUC 0iT -标准面板"进入数控车床操作面板界面。

(2) 解除报警。旋开红色的"紧急停止"按钮以解除报警。

(3) 在"回原点" ◉ 模式下返回机械原点。

(4) 刀具选择并安装。根据要求选外圆粗车刀、外圆精车刀和割刀分别装入车床刀架 1# 刀位、2# 刀位和 3# 刀位，如图 5-3-2 刀具拖入机床刀库示意图所示，然后点击"确定"按钮。

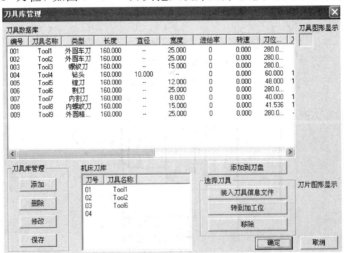

图 5-3-2　刀具拖入机床刀库示意图

(5) 设计工件毛坯并安装。设圆形棒料毛坯直径为 $\phi52$ mm，长度为 140 mm，如图 5-3-3 毛坯尺寸设计示意图所示，然后点击"确定"按钮。

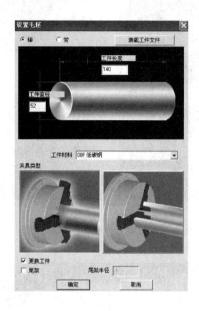

图 5-3-3 毛坯尺寸设计示意图

(6) 系统原始转速的设定。"MDI" ![]模式下，在"显示装置"中输入"M03S600;"点击 ![INSERT]，再点击"循环启动"键 ![]，使主轴转起来。

(7) 1# 车刀、2# 车刀、3# 车刀分别进行 X 轴、Z 轴的对刀操作，方法同上节所介绍的内容。

(8) 程序名的建立。在"编辑" ![]模式下，在"显示装置"中，输入一个新的程序名如"O0727;"

(9) 程序内容的输入。按程序的编制格式和要求输入正确的程序，如图 5-3-4 程序编制与输入示意图所示。

(10) 零件模拟仿真加工。在"自动" ![]模式下，便会出现相关的刀具轨迹，如图 5-3-5 刀具仿真轨迹示意图所示。然后关闭"舱门"，点击"循环启动" ![]键，工件进行仿真自动加工。零件经过仿真粗加工(如图 5-3-6 零件仿真粗加工图所示)、零件仿真精加工(如图 5-3-7 零件仿真精加工图所示)和零件仿真切断(如图 5-3-8 零件仿真切断图所示)。

图 5-3-4　程序编制与输入示意图

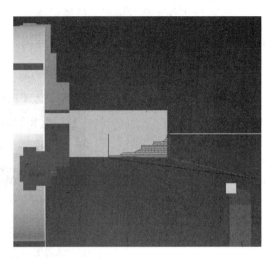

图 5-3-5　刀具仿真轨迹示意图

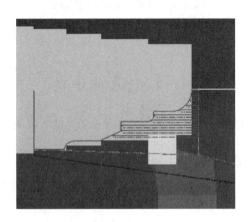

图 5-3-6　零件仿真粗加工图

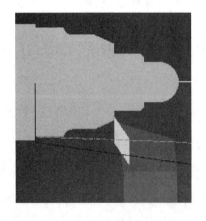

图 5-3-7　零件仿真精加工图

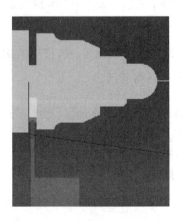

图 5-3-8　零件仿真切断图

　　经过自动仿真加工后，零件模拟仿真切削加工成型，如图 5-3-9 零件仿真加工成型图所示。

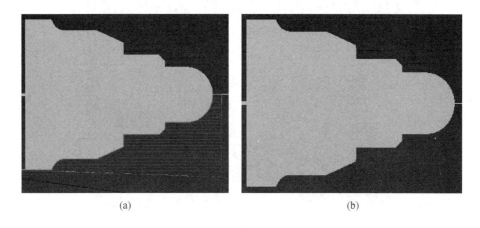

(a)　　　　　　　　　　　　　　　　(b)

图 5-3-9　零件仿真加工成型图

　　（11）零件尺寸测量。所加工的零件各部分的尺寸可通过"工件测量"→"特征点"进行测量检验，如图 5-3-10 零件仿真测量图所示。

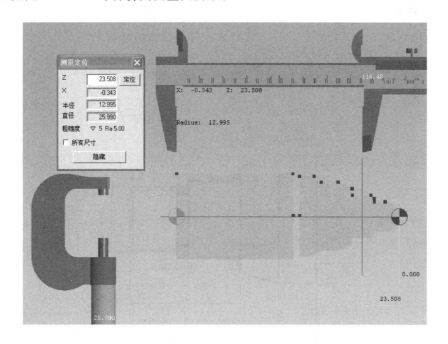

图 5-3-10　零件仿真测量图

　　自动加工完成，最后获得零件 3D 图，如图 5-3-11 所示。

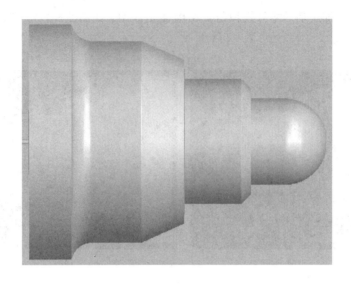

图 5-3-11　零件 3D 图

技能实训

1. 任务布置

在虚拟仿真软件上完成如图 5-3-12 所示零件的模拟仿真加工。已知零件毛坯直径为 ϕ45 mm，长为 120 mm，所需刀具自己选择并安装。

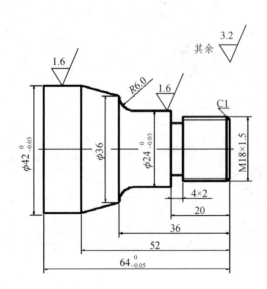

图 5-3-12　零件仿真实训图

2. 任务分析

（1）该零件外形主要有圆柱、圆锥、圆弧、螺纹、退刀槽等；

（2）该零件图仿真实训加工所需刀具需外圆粗车刀、外圆精车刀、割刀和外螺纹车刀；

（3）该零件加工时，螺纹切削深度为 1.95 mm；

（4）该零件是有公差的尺寸，编程尺寸尽量取中间值，ϕ42 外圆取 41.99，ϕ24 外圆取 23.99。

3．任务实施

打开并进入数控车床数控仿真软件"FANUC OiT -标准面"操作界面→解除报警→回原点→设定原始转速→选择并安装刀具→设计工件尺寸并装夹→刀架运动靠近工件→四把车刀分别对刀并分别输入 X 轴、Z 轴刀补值→"自动"模式下零件模拟仿真加工→零件成型→零件尺寸仿真测量。

课后思考

如何在数控车床虚拟仿真软件上模拟仿真加工如图 5 - 3 - 13 所示的零件？已知零件毛坯直径为 ϕ50 mm，长为 130 mm，所需刀具自己选择并安装。

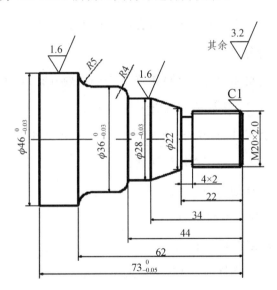

图 5 - 3 - 13　零件仿真练习图

附 录

安全文明实训规程

1. 安全操作基本注意事项

（1）工作时请穿好工作服、安全鞋，戴好工作帽及防护镜，不允许戴手套操作机床；

（2）不要移动或损坏安装在机床上的警告标牌；

（3）不要在机床周围放置障碍物，工作空间应足够大；

（4）某一项工作如需要两人或多人共同完成，应注意相互间的协调；

（5）不允许采用压缩空气清洗机床、电气柜及 NC 单元。

2. 工作前的准备工作

（1）机床开始工作前要有预热，认真检查润滑系统工作是否正常，如机床长时间未开动，可先采用手动方式向各部分供油润滑；

（2）使用的刀具应与机床允许的规格相符，有严重破损的刀具要及时更换；

（3）调整刀具，所用工具不要遗忘在机床内；

（4）检查大尺寸轴类零件的中心孔是否合适，中心孔如太小在工作中易发生危险；

（5）刀具安装好后应进行一至两次试切削；

（6）检查卡盘夹紧工作的状态；

（7）机床开动前，必须关好机床防护门。

3. 工作过程中的安全注意事项

（1）禁止用手接触刀尖和铁屑，铁屑必须要用铁钩子或毛刷来清理；

（2）禁止用手或其它任何方式接触正在旋转的主轴、工件或其它运动部位；

（3）禁止加工过程中量活、变速，更不能用棉丝擦拭工件，也不能清扫机床；

（4）车床运转中，操作者不得离开岗位，机床发现异常现象应立即停车；

（5）经常检查轴承温度，过高时应找有关人员进行检查；

（6）在加工过程中，不允许打开机床防护门；

（7）严格遵守岗位责任制，机床由专人使用，他人使用须经本人同意；

（8）工件伸出车床 100 mm 以外时，需在伸出位置设防护物。

4.工作完成后的注意事项

（1）清除切屑，擦拭机床，使机床与环境保持清洁状态；

（2）注意检查或更换磨损坏了的机床导轨上的油察板；

（3）检查润滑油、冷却液的状态，及时添加或更换；

（4）依次关掉机床操作面板上的电源和总电源。

参 考 文 献

[1]　夏长富，李国诚. 数控车床编程与操作. 北京：北京邮电大学出版社，2013.

[2]　邓集华. 数控车床编程与竞技. 武汉：华中科技大学出版社，2010.

[3]　杨琳. 数控车床加工工艺与编程. 2 版. 北京：中国劳动社会保障出版社，2009.